ネット社会と本人認証
―― 原理から応用まで ――

Personal Authentication :
Principles, Technologies and Applications

板倉征男
外川政夫　共著

社団法人 電子情報通信学会編

著　者
　板倉　征男　　情報セキュリティ大学院大学
　外川　政夫　　（株）NTT データ アイ

序　　文

　インターネットの時代はネットワークの巨大な機能が我々の生活と経済活動を覆い尽くし，すべての行動様式に深い変革をもたらしているように思われる．例えば，コンビニエンスストアのバーコードリーダやATM端末機が物流やお金の流れを取り扱うようになって久しいが，その割合はだんだん大きくなり，やがてそれらに加えて，携帯電話機や各種IDカードを使った社会生活が主流になりつつある．

　そのうち，今まで市役所や国の機関まで出向いた行政手続も，同様な形でそこに行かなくても本格的に用を足すことができるようになるであろう．さらに，コンビニエンスストアのサービスは家庭内のパーソナルコンピュータ（PC）に移され，わざわざ店まで出掛けなくとも家にいたまま，すべての手続ができるような世界が，すぐそこまで来ている．

　今やインターネットに代表されるネット社会の便利さに次第に浴していく時代だが，子供から老人まで高度の情報化社会で安心できるサービスを享受するためには，前提条件となる確たる社会的基盤が必要である．それには，信頼できる堅実なネットワークとその中で信用できる情報の流通，特に確実な個人識別と本人認証の技術と仕組みが必要となろう．

　いろいろな生活情報がネット社会の中を飛び交い，膨大な社会活動に関する作業が機械的に片付けられていくが，どのようなサービスの取扱いにおいても，常に正しい個人との対応を取りながら作業が進められなければならない．言い換えれば，ネット社会における安心で安全な環境は，「個人識別と本人認証」と言う基本機能が十分その役割を果たすことが前提になると言っても過言ではない．

　このように，ネット社会における基本的な機能として「個人識別」と「本

人認証」は不可欠なものだが，それを応用した社会システムは余りにも複雑高度化しているために，その原理から応用までを一貫して解説することが難しいことと，それゆえに手軽な参考書が不十分なことが感じられる．

本書は，「個人識別」と「本人認証」の原理と応用システムの仕組みまでを基本的に分かりやすく解説することを試みることとする．体系的に仕組みを理解することにより，今後いろいろ現れる各種システムについては，本書の応用問題として理解できればよいと考える．

また，識別と認証技術には，位置認証，メッセージ認証，アドレス認証，物体認証などが多角的に広がるが，本書ではまずその原則となる個人識別と本人認証について一体化して解説を行い，次にその周りの基本的な応用システムを取り上げ，できるだけ横断的に展望する．

本書の内容の理解が進むと，読者はどのシステムにおいても識別と認証の機能の原理や仕組みの共通性に気づくことであろう．そこまで理解が進めば，本書も目的は十分達せられよう．そして，読者はその先に新しいシステムに遭遇しても，この仕組みを共通技術としてとらえることができるであろう．

本書は，ネットワーク社会における情報システムの共通的中核技術である個人の識別・認証の仕組みを学ぶ者の入門講座として，またそれらの基礎知識を復習して社会システムの中に個人の識別・認証機能を組み込むシステム設計者の参考書として活用いただければ幸いである．

本書を刊行するにあたり，真摯なご指導と温かいご協力を賜りました先輩，諸兄の方々に心より感謝の意を表する次第である．

2010 年 6 月

板倉　征男
外川　政夫

目　　次

第1章　概　　説
1.1　識別と認証 …………………………………………………… 1
1.2　社会生活における識別と認証 ……………………………… 3
1.3　識別と認証のステップ ……………………………………… 5
　　参考文献 ………………………………………………………… 8

第2章　個人識別の基本技術
2.1　個人識別の原理 ……………………………………………… 9
2.2　識別標識（ID） ……………………………………………… 11
2.3　ID登録の法的根拠 …………………………………………… 13
2.4　ネット社会におけるIDの本質 ……………………………… 17
2.5　個人識別とプライバシーの保護 …………………………… 19
　　参考文献 ………………………………………………………… 24

第3章　本人認証の基本技術
3.1　本人認証の原理 ……………………………………………… 25
3.2　本人認証の実際のプロセス ………………………………… 31
3.3　本人認証技術の分類 ………………………………………… 33
3.4　二つの基本方式，パスワード認証とPKI認証 …………… 34
3.5　本人認証の標準モデル ……………………………………… 39
3.6　バイオメトリック認証技術 ………………………………… 48
3.7　ICカード認証技術 …………………………………………… 58

3.8　パスワード認証技術　　　　　　　　　　　　　　　　69
3.9　暗号認証技術　　　　　　　　　　　　　　　　　　78
3.10　属性認証技術　　　　　　　　　　　　　　　　　　93
3.11　多要素認証技術　　　　　　　　　　　　　　　　　97
3.12　匿名認証技術　　　　　　　　　　　　　　　　　　101
3.13　シングルサインオン認証技術　　　　　　　　　　　105
3.14　プライバシー保護技術　　　　　　　　　　　　　　115
　　　参考文献　　　　　　　　　　　　　　　　　　　　119

第4章　応用システム

4.1　電子申請・電子申告サービス　　　　　　　　　　　123
4.2　電子商取引・決済サービス　　　　　　　　　　　　143
4.3　バイオメトリック認証サービス　　　　　　　　　　146
4.4　モバイル認証・通報サービス　　　　　　　　　　　157
4.5　匿名認証サービス　　　　　　　　　　　　　　　　163
4.6　社会保障カードサービス　　　　　　　　　　　　　169
4.7　ネットワークオークションサービス　　　　　　　　171
4.8　ネット広告サービス　　　　　　　　　　　　　　　175
　　　参考文献　　　　　　　　　　　　　　　　　　　　177

付録1.　識別と認証の用語の定義　　　　　　　　　　　180
付録2.　DNA認証方式の概要　　　　　　　　　　　　　188

索　　引　　　　　　　　　　　　　　　　　　　　　　197

第 1 章

概　　説

1.1　識別と認証

　相手がだれであるかを正しく識別し間違いなく本人であることを認証することは，情報セキュリティの出発点であると言われる．確かに不特定多数の人間と関わり合う世の中において，安心して生きていくには，まずお互いの氏素性を相互に確認し合えることが重要である．社会生活の始まりは挨拶からと言われるのも頷ける．金融機関に預けた預金の出し入れや，クレジットカードで買物の決済をするとき，本人が正しい本人であることを十分確認して安全な取引を実施するために，「個人識別」と「本人認証」の仕組みをきちんと備えることは，社会システムのインフラストラクチャとして重要である[1]．

　私たちの安全な社会生活を阻害するほとんどの不法行為は，どこかで個人識別と本人認証が十分かつ完全に行われないことに起因して，なりすましや本人詐称などが行われてしまうことにある．

　これを防ぐため，社会生活においてこれまでいろいろな手段が講じられてきた．まず，新生児は戸籍に登録することが義務付けられている．海外に行くときは自分自身を証明するパスポートの所持は必須であり，国内では銀行の口座を作るときは，運転免許証などの持ち物とそこに貼り付けられた写真

で，確かに申し込んだ名義人が本人であることを確認することなどが行われる．このほか，会社の入り口で社員証を見せ，医者の受付で健康保険証を提出し，図書館の貸出カウンタで会員証を出して手続するなど，私たちは日に何度もこの個人識別を要請され，必要に応じた厳しさで本人認証が行われる．いつも煩わしいことと思いながらも偽物に悪事を働かれてはたまらないと言い聞かせながら，社会生活に必要なものとして実施しているわけである．

コンピュータネットワーク社会が到来した現在，見えない相手とお互いの確認を行うことがすべての取引の前提となることから，個人識別と本人認証は重要な社会インフラの要素技術として位置付けられるようになった．今後も個人識別と本人認証の確実な機能が，ネット社会に生きる人間の安全・安心の生活に重要な役割を果たすと考えられる．

ネット社会では，以前の紙や実物で確認するリアル社会とは違って，見えない相手の個人識別と本人認証を行うことが必要となり，比較にならない困難さを伴う．持ち物は目視できないし，生体情報といえども他人の生体情報を盗み取ってそれを示してなりすましができるし，本人しか知らないはずの暗証番号は通信回線の盗聴やスパイウェアなどにより相手に渡ってしまうなど，危険がいっぱいである．高度な暗号鍵も，数々の解読のための攻撃方法が知られている．

インターネットの利便性がどんどん高まるとともに，これを逆手に取って悪事を働く人間も必ず現れるので，将来のネット社会における安全・安心のために，より完璧な個人識別と本人認証の仕組みの追及はいつまでも終わりがない．

本書では，この仕組みを体系的に理解し，それが社会システムにどのように組み込まれているかを学ぶため，まず実社会における識別と認証の事例から述べていくこととする．

コラム1　識別と認証の用語の定義について

「デジタル大辞泉」（小学館）及び「広辞苑」（岩波書店）によると，次のように記述しています．

　●識別：見分けること．人または動物が質的または量的に異なる二つの刺激

を区別し得ること．物事の種類や性質などを見分けること．
- ●認証：一定の行為または文書が正当な手続・方式でなされたことを公の機関が証明すること．コンピュータやネットワークシステムを利用する際に必要な本人確認のこと．通常，ユーザ名やパスワードによってなされる．

「識別」及び「認証」の訳語である identification 及び authentication をランダムハウス英和大事典で見ると，ほぼ同様な訳が記述してあります．いずれにせよ，前者は区別性，後者は正当性を意図した言葉と解釈できます．利用者のためになりすましを最大限防止するシステムを構築するためには，両者の機能を効果的に重畳させることが肝要です．

なお，詳しくは付録1をご覧ください．

1.2 社会生活における識別と認証

私たちは，実際の社会生活において，識別と認証を随所で体験している．後述の両者の機能を理解するために，ここでは実社会の事例を復習しておきたい．

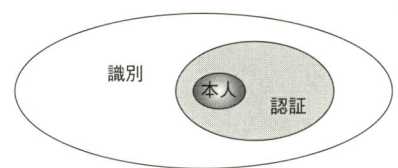

図 1.1 識別と認証

（1） 新生児の入籍

子供が生まれると市町村の役場に届出を行い，新生児の氏名が登録される．新しい ID（識別標識）として住民基本台帳に加わり，住所，生年月日，性別を合わせて，社会の一員として識別される仕組みである．なお，届出には，新生児の出産に直接関わった医師または助産師の署名捺印を必要とする．不正な登録を防ぐために，関係者による新生児の本人認証が要求されるからである．このように，まず n 人の中の一人として識別でき，かつそれが間違いなく本人であることを認証することが行われる．

(2) 銀行口座の開設

私たちが銀行口座を開設するとき，申告した本人が本当の本人であるかを確認し，住所氏名が正しいもので実存するものかを確認するために，運転免許証などの提出が求められる．これも，識別のためのIDを登録するとき本人認証を行うという典型的な例である．

(3) 公職選挙の投票

国会議員や知事などの選挙では，投票券を持参して，まず選挙人名簿に登録してある投票者であるかどうかの識別が行われる．本人認証は投票立会人の目が光るという仕組みであるが，本人の確認は余り厳密には行われていないのが現状であろう．

(4) 帰国子女の受入れ

身寄りのない状態になっている残留孤児の方が帰国の際，大変な苦労をして本人の確認が行われる．運良く身寄りが見つかり引合せができたときは，改めて戸籍の登録が行われる．一般に識別と認証はセットで，この順序で行われるが，逆の順となる例もある．

(5) 入国審査

外国人が日本に入国する際は，法律で入国者に生体情報を取得して登録することが義務付けられている．現状では，顔写真と両手人差指の指紋画像を取得しデータベースに保存する．次回の入国の際は，この登録データと本人の情報が一致することが確認される．最初の登録は単に識別標識を登録する，いわゆる識別の過程であるが，次回からは登録データが認証情報として使われ本人認証が行われる．

(6) 容疑者の尋問と確定

犯罪容疑者の尋問では，本人の確認は重要事項である．犯罪捜査規範による本人の識別すなわち身元調査が行われるが，本人の確認も客観性をもって認証することが必要である．

(7) 身元不明者の処置

大規模災害や事件などで行方不明となり死体で発見された人物の身元確認を行うときは，所持品や歯型やDNA（デオキシリボ核酸）による本人の識別と認証が行われる．

(8) ネット取引

電子商取引やネットワークオークションなどによる取引を行うとき，相手の識別と認証は最も重要な確認事項である．基本的にはIDとパスワードすなわち識別情報と認証情報による本人の確認を行うが，相手が見えないという難しい条件の下で不正を防止するため，あらゆる知恵を出して具体的手順を講ずることが行われる．

コラム2 "署名・捺印"は"識別・認証"の第一歩

私たちは市役所や銀行の窓口で無意識に書類に署名・捺印をしていますが，これと識別・認証とは類似しています．
- 署名するということの意図は，私であることを他人と区別して見分けてもらうことであり，物事の種類や性質などを見分けることという識別の機能にピタリ該当します．
- 捺印するということの意図は，私が本人であることを確認してもらうことで，公の機関が証明する実印ならば，認証と該当します．実印でなくとも認印で捺印してもその意図を計って，あるレベルで本人と認めることが現実には行われてきました．したがって，捺印するということは，コラム1で紹介した認証機能とほぼ同じ機能とみてよいでしょう．

欧米では，サイン一つで署名と捺印の二つの機能を持つ習慣が伝統的にあることはご存知のとおりです．この場合，サインするということは，本書で解説する識別と認証を同時に実施していることになります．

1.3 識別と認証のステップ

前節で事例を調べたが，個人の識別と認証の過程は前半と後半の段階に分けて考えることができる．第一は本人を他人と違う人物として区別する"識別"の段階で，第二はその本人が真に本人であることを何らかの証拠により"認証"する段階である[1]~[10]．

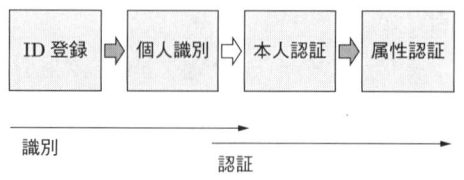

図 1.2 識別と認証のステップ

これを更に見ていくと,各々の段階は,図 1.2 のように四つのステップに分けて考えることができる.各ステップは,次のような役割を果たす.

(1) ID 登録の段階

ID とは,利用者識別情報を示す.英語の identification の短縮形で,JIS ハンドブックの情報セキュリティの用語には「利用者を識別するためにデータ処理システムが利用する文字列またはパターン」と定義している[2].

そもそも,人類が集団生活を営むようになってから,仲間を識別することは共に外敵と戦って生きていくために最も必要な機能であった.集団の規模が大きくなり,やがて識別された相手の認証と言うことが非常に重要になってくる.現在のネット社会においては,必ずこの二つのステップを踏んで本人の真正性を確認し,なりすましや詐称の不正を確実に排除する必要がある.

社会生活においては,新生児の届出は ID 登録のすべての出発点である.戸籍簿に登録され,住民票が作られるが,そこに記載した氏名,住所,生年月日,性別のいわゆる住民基本台帳カード 4 情報は個人識別の基本となる情報である.

以降,健康保険証や銀行の口座番号開設など実社会における登録は必ず氏名が ID となるが,必要に応じて匿名や偽名・ニックネームも使われることがある.匿名は ID とはならないが,グループ署名のように個人の名は伏せるがグループの責任で ID を付与することがある.偽名やニックネームと言う概念は,本名とリンク付けができる間接的 ID と言うことができる.匿名はリンク付けできないと言うことである.

ネット時代の社会生活においては,接続されるネットワーク機器の識別に用いられる IP アドレス(Internet Protocol Address)がすべての出発点と

なる．これは，ネットワーク上の住所のようなものと考えればよい．この場合，IPアドレスは，氏名のように本人の名前がすぐ分かると言う必要はない．上記の例で，IPアドレスの世界では，本名も偽名またはニックネームも同じ次元のIDであると言うことが言える．

（2）個人識別の段階

個人識別とは，登録したn人の中の一人であることが識別できたことを言う．すなわち，登録してあるすべてのIDと，今提示された本人のIDの比較が行われ，唯一の突合せに成功したことを言う．

n人の中の一人であることが照合することは「1対nの照合」と言い，後の本人認証における「1対1の照合」と区別している．この段階の識別を英語ではidentify，名詞形ではidentificationと言う．先に述べたIDと語原は同じである．なお，バイオメトリック認証ではIDが登録されていない場合もある．このときは，本人の特徴を示す生体情報とあらかじめシステムに登録してある情報を順次比較し，設定したしきい値以上の最も近いIDを出力する．だれも対応しないときは，対応しないという結果を出す．

（3）本人認証の段階

個人識別の後に本人を確認することを言う．ID登録とは別に登録する本人認証のための情報，言い換えれば認証情報との突合せで確かに本人が正しい本人であることを照合する．識別が「1対nの照合」と言われるのに対し，本人認証は「1対1の照合」であることが頷ける．JISの情報セキュリティ用語では，身元の認証または身元の確認と言い，「データ処理システムがエンティティを認識できるようにするための試験を実行すること」としている．この段階での認証を，英語では一般にauthenticationと言う．また，バイオメトリック認証では，1対1の照合を検証と言い，英語ではverificationを用いる[7]．

本人の認証は，信頼できる第三者の証明書を発行することで行う場合もある．英語ではcertificationと呼ばれる機能である．

（4）属性認証の段階

属性情報は，本人認証に関係して派生する情報の総称である．

一般的な属性情報としては，例えば学歴，職歴，役職，資産，趣味などが

ある[3].

　通常，これらの情報は，権限事項によって決まるデータにアクセスしてよいかの認可を与えるために利用する．つまり権限の付与，すなわちデータベースのアクセス権を認可し付与する機能である．

　英語では認可を意味する authorization となる．

　次章以降では，識別と認証のフローを追って理解していくことにする．(1)，(2)項は第2章で，(3)，(4)項は第3章で詳しく説明する．

参 考 文 献

[1] Wikipedia (the free encyclopedia), "Authentication," http://en.wikipedia.org/wiki/Autehtication
[2] 日本規格協会編，"JIS ハンドブック　情報セキュリティ，"日本規格協会，2008.
[3] 電子商取引推進協議会，"属性認証ハンドブック，"(財) 日本情報処理開発協会電子商取引センター，2005.
[4] 土居範久監修，"情報セキュリティ事典，"共立出版，2003.
[5] 電子情報通信学会編，"情報セキュリティハンドブック，"オーム社，2004.
[6] 片方善治監修，"IT セキュリティソリューション大系，"フジ・テクノシステム，2004.
[7] バイオメトリクスセキュリティコンソーシアム編，"バイオメトリックセキュリティ・ハンドブック，"オーム社，2006.
[8] "A guide to Understanding Identification and Authentication in Trusted System," NCSC, 1991.
[9] Wikipedia (the free encyclopedia), "Identification," http://en.wikipedia,org/wiki/Identification
[10] Richard E. Smith 著，稲村　雄監訳，"認証技術　パスワードから公開鍵まで，"オーム社，2003.

第 2 章

個人識別の基本技術

2.1 個人識別の原理

　個人識別を行う場合，あらかじめ登録しておいた識別標識（ID）を用いる方法と，直接識別する方法がある．図 2.1 は，ID を用いて本人を識別する方法を示す．

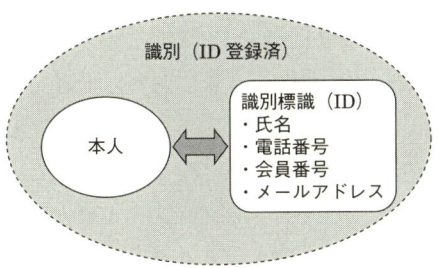

図 2.1　個人識別 – ID が登録済の場合 –

　識別のために必要となる ID としては，ある母集団の中で，特定の主体をほかの主体と区別するもので，コミュニティやサービスの場で共通に参照することができる情報でなければならない．一般的には，氏名，電話番号，会員番号，メールアドレスなどが代表的である．

この段階は，本人から提示されたIDを登録済みのn人のIDから検索し照合するプロセスであり，1対nの照合と言われる．

一方，IDがないまたは登録できない場合も識別の段階のプロセスとして存在する．図2.2は，IDがない場合の個人識別を示す．

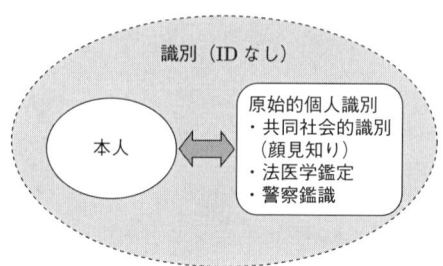

図2.2　個人識別 – IDがない場合 –

そもそも人間は，原始時代から共同社会の中で原始的識別を行ってきた．顔見知りとは原始的個人識別の雛型と言える．共同社会の人口が増加すると，租税徴収や兵役などから個人を識別できるIDを付与することは必須のものとなってきた．つまり，図2.2のようなIDがない識別の段階が最初にあるわけである．

今日では，法医学鑑定や警察が所管する身元不明者や災害などによる遺体の確認及び犯罪捜査などは，IDの有無に関わらず個人識別を行う．究極の個人識別情報と言われるDNA（デオキシリボ核酸）は実の両親との親子関係の結び付きが判定できる情報を持っているので，たとえ本人が災害に遭遇し白骨死体で収容されたときも，両親の協力により人物の特定は比較的容易にできる．従来からの歯形や指紋などの生体情報も登録されていれば個人識別に使われるが，DNAのように親子の関係までは分からないので，今では余り使われないようである．

また，犯罪者はDNAを採取されてデータベース（DB）にその情報が個人識別情報として登録されるので，再犯時に氏名を拒否しても，このDBを照合することにより直ちに本人の身元が割り出される．特に再犯が多い性犯罪者の捜査には，このDBが貢献していることが報告されている[1]．

第2章 個人識別の基本技術　**11**

このように，法医学や警察の任務はIDがない場合の個人識別を行うケースが多い．IDがない場合で，識別の結果，だれにも対応しない場合は該当なしと言う判断を行う．これは，本人がブラックリストなどに登録されている人物ではないことを確認する目的で使われる例である．

── コラム3　動物の個体識別能力 ──

　人間のみならず，哺乳類と鳥類はすべて個体を識別する能力を持っています．南極のアザラシの親子の識別能力は，人間の能力をはるかに上回るものを持っています．つまり，アザラシの親は子供を南極大陸に置き去りにして餌を漁りに行くのですが，お腹いっぱい餌を飲み込んで帰ってくると，陸上にいる多くの中に埋もれた唯一の我が子を嗅覚と鳴き声で識別し餌を与えることができると言われています．

http://homepage3.nifty.com/hiroo-aq/kankaku.html を参考に挿画．

2.2　識別標識（ID）

次に，IDとして使われる情報の具体的例を書き出してみる．

（a）**氏　名**　　最も基本となるIDである．ただし，同姓同名の人と区別が付かないので，住民基本台帳には更に住所，生年月日及び性別などの属

性情報を住民票に記載し，そのうちこの 4 種を基本 4 情報として住民基本台帳カードに収める．4 種の情報については住民基本台帳法施行規則に記述されている．

（b）**電話番号**　カーナビゲーションでは，電話番号により個人の特定や住所まで検索し位置情報とする仕組みができている．

（c）**会員番号**　いわゆる個人番号の類で，社員番号，身分証明書番号，学生証番号なども ID として使われる．具体的には，社員番号の個々の唯一性がきちんと保障されていなくてはならない．唯一性は個々の発行組織の責任で管理される．

なお，運転免許証番号，パスポート番号，健康保険証番号，年金証書番号なども唯一性や不変性があり ID として使えるが，これらは後で述べるように ID で本人を識別した後，間違いなく本人であることを確認するための認証情報として参照されることがあるので，本節では原則公開情報とする ID には入れないでおく．

（d）**メールアドレス**　インターネットの DNS（Domain Name System）にて重複をチェックする仕組みがある．唯一性は保障されている．

（e）**ニックネーム**　芸名や偽名など述語では仮名（anonym），匿名（pseudonym）として生成した情報を個人の ID として使う場合がある．実際には，ネットワークオークションで取引を匿名で行うために利用される．リアルな世界とは違うコンピュータネットワークの世界での個人識別標識であるが，匿名化の効果があること，別人として再発行できることなどの特有の利便性がある．

一般的に ID は，その人と 1 対 1 で対応するアカウント名であり，ある程度の唯一性と不変性があればどんな情報でも ID にすることができる．戸籍台帳に登録されている氏名は最も普遍的な ID である．同姓同名の人も多くいるから，ネット社会では唯一性と言う観点からは，DNS（Domain Name System）で全世界のホスト名と IP アドレスを管理しているインターネットの登録メールアドレスのほうが唯一性を評価され使われている．

一方，不変性と言う観点からは，公的登録を行っている氏名のほうがより変えにくい ID であると言える．これらをまとめて表 2.1 に一覧表としておくが，法的考察については次節で述べる．

表 2.1　識別標識（ID）の例とその特徴

識別標識（ID）	唯一性	不変性	公的登録	備　考
氏名	△	○	◎	生年月日，住所，性別を加え住民基本台帳カードの 4 情報をセットで扱う
電話番号	◎	△	○	カーナビなど各種サービスでは，既に個人の ID としている
会員番号	○	△	△	社員番号，身分証明書番号，学生証番号
メールアドレス	◎	△	△	IP アドレス管理により唯一性を保障
ニックネーム	△	△	×	その場のサービスの世界に限定される

2.3　ID 登録の法的根拠

個人識別と本人認証と言う視点で関連する法規を眺めると，ID の登録すなわち本人の識別に相当する規定とともに本人の認証に相当する規定が，その順に並んで記述されていることが分かる[2],[3]．

（1）戸籍法

戸籍の記載事項は，本籍の外に①氏名，②生年月日，③戸籍に入った原因と年月日，実父母の氏名と続柄，④前の戸籍などである．（戸籍法第 13 条）

届出の際は，出頭者を特定するために運転免許証などを提示し本人確認をすることが規定されている．（同第 27 条）

新生児の出生の際は，①出生年月日，②出生場所，③父母の氏名，④本籍などである．また，出産に立ち会った医師，助産師の署名・捺印が義務付けられている．（同第 49 条）

以上，二つの事例を見て分かるように，ID 登録では氏名及び生年月日などの識別を記載して個人を識別できるようにしている．その際，不正登録防止のために運転免許証の提示や医師の署名などにより登録者の認証を行う．

さらに戸籍法では，以降成年に達した者の分籍（同第 21 条），死亡等による除籍（同第 23 条）など，生涯における戸籍の維持について規定している．

（2） 住民基本台帳法

市町村長は，個人を単位とする住民票を世帯ごとに編成して住民基本台帳を作成することが定められている．（住民基本台帳法第6条）

住民票には，氏名，出生年月日，性別，世帯主の氏名と続柄，戸籍の表示，住民となった年月日，住所などを記載する．住居を変更したときは住民登録が行われた市町村長から元の市町村長に通知し，移動の情報管理を確認することが義務付けられている．（同第9条）

ここでも，氏名及びその関連情報により個人の識別を行い，その他の手段で登録者の本人確認を行うこととしている．

（3） 出入国管理及び難民認定法

外国人の入国には有効な旅券を所持し，かつ申請者の個人識別情報（指紋，写真など）を提供しなければならない．（出入国管理及び難民認定法第3条，第6条）

第3章で述べる生体情報を使った本人認証が法的に規定されている例となるが，最初の段階で指紋や顔画像が登録され，2回目以降は登録したデータとの照合が行われる．また，法の定める手続で申請があったときは難民であることの認定を行う．在留資格，仮滞在，永住許可などの処置は法の定める規定により行われる．この中には，IDを持たない者についても識別と認証が行われることが規定されている．

（4） 公職選挙法

選挙人名簿には，氏名，住所，生年月日，性別を記載し磁気ディスクで構築する台帳に登録することになっている．（公職選挙法第20条～第22条）

また投票に当たっては，投票管理者と投票立会人を置いて本人の確認を行うこととしている．（同第37条，第38条）

（5） 金融に関する業務

銀行口座の開設時には，本人特定事項として氏名，住所，生年月日について，運転免許証などにより本人確認をすることが義務付けられている．（犯罪による収益の移転防止に関する法律第4条）

同様に，宅地建物取引業，貴金属売買業，司法書士・行政書士・公認会計士・税理士に定める業務を行うときは，上記の本人確認を行うことが義務付けら

れている．(同第4条)

これらは民間分野における業務について，個人識別と本人認証を規定したものである．

(6) 電子署名法

電子署名は自らのデータに電子署名を演算して付与する機能でありデータの改ざんの有無まで管理できるので，電子政府の画期的な施策として2000年に制定された．個人識別・認証の観点から言えば署名による本人の確認ができ，実印に相当する秘密鍵を持っていることが証明できるので，社会システムの最も基本的な規定と言える．(電子署名及び認証業務に関する法律第2条～第6条)

(7) 携帯電話不正利用防止法

携帯電話の契約の際，氏名，住居及び生年月日の提示とともに，運転免許証などにより本人の確認を行うことが法で規定されている．(携帯電話不正利用防止法第3条，第4条)

表2.2　登録による個人識別と本人確認の法的根拠

項　目	識別（個人識別）	認証（本人認証）	法律名	備　考
戸籍の届出	本籍，氏名，出生年月日，性別，実父母の氏名と続柄，前の戸籍	前の戸籍と運転免許証，新生児は医師，助産師の署名捺印	戸籍法（第13条，第27条，第49条）	新生児の届出
住民票届出	住所，氏名，生年月日，性別，世帯主の氏名と続柄，戸籍の表示，住民となった年月日	受入れ市町村長は元の市長村長に通知	住民基本台帳法（第6条，第9条）	移転に伴う住民票申請
出入国管理	旅券	申告者の個人識別情報（指紋，写真）	出入国管理及び難民認定法（第3条）	外国人の入国
公職選挙	選挙人名簿（氏名，住所，生年月日，性別）を登録	投票所の投票管理者と投票立会人	公職選挙法（第20条，第22条，第37条，第38条）	公職選挙投票
金融に関する業務	氏名，住所，生年月日	運転免許証の提示等	犯罪による収益の移転防止に関する法律（第4条）	預貯金契約の締結や為替取引
電子署名	利用者署名符号	利用者署名検証符号	電子署名及び認証業務に関する法律（第2条～第6条）	利用者署名符号等の管理義務
携帯電話に関する業務	氏名，住所，生年月日	運転免許証の提示等	携帯電話不正利用防止法（第3条，第4条）	新規加入契約

以上を一覧表にしたものを表 2.2 に示す．このほか表には載せていないが，参考となる事項を以下に示す．

（8） 行政手続オンライン化関係 3 法

行政手続オンライン化関係 3 法は，①行政手続等における情報通信の技術の利用に関する法律，②行政手続における情報通信の技術の利用に関する法律の施行に伴う関係法律の整備等に関する法律（整備法），及び③電子署名に係る地方公共団体の認証業務に関する法律（公的個人認証法）を指す．

これらの 3 法案により，現状の行政における ID とは基本的に公的個人認証であることが定められた．

公的個人認証における電子証明書の記載内容は，住民基本台帳カード 4 情報で法的に規定されたものと同じ情報である．公的個人認証の仕組みは公開鍵理論に基づくもので，住民基本台帳カード 4 情報を配送してばら蒔くようなリスクを負わずに本人の確認ができる．個人情報保護法上の課題をクリアできる画期的な認証方法であると言える[6]．

（9） インターネットに関する規定

民間団体である ISOC（Internet Society）の下で技術標準を決定する団体である IAB（Internet Architecture Board）がある．IAB の下に，インターネット次世代技術研究委員会：IRTF（Internet Reseach Task Force）とインターネット技術標準化委員会：IETF（Internet Engineering Task Force）がある．後者は，プロトコルなどの業界標準を取りまとめている．また，ICANN（Internet Corporation for Assigned Names and Number）及びそれに直結した JPNIC（Japan Network Information Center；日本の場合）が IP アドレスの一元管理を分担している．DNS（Domain Name System）が実際に IP アドレスを管理するシステムである．

電話番号に比べれば，純粋の民間団体が規約を制定し管理しているということは大きな特徴である[4], [5]．

（10） 米国や中国の新生児の登録

米国の身分登録制度は英国などと同じく，出生，婚姻，死亡ごとに別々に登録を行う事実登録制度を採用している．日本のように夫婦・親子の親族関係を一覧できるような身分登録簿と言うものはない．しかし，新生児が出生

第2章 個人識別の基本技術　　**17**

したときは，担当した医師または助産師などが子供に氏名，出生地と場所，生年月日，担当医師の氏名，医師の登録番号，父母の人種と職業などを州登録官に届け出て審査を受け，上記事項を登録することが決められている．中国の戸籍管理制度は戸口と呼ばれ，日本の戸籍登録と住民登録を合わせたような機能を持っている．個人単位で一人1枚ずつ戸籍登録表を記入し，これを戸ごとに集めて保存している．出生地や本籍はどこに定めてもよいが戸籍は常住地と直結しており，住民の移動は管理されている．このように，各国により氏名と言うIDの取扱いに温度差があることを理解しておくことは必要である[7]～[9]．

2.4　ネット社会におけるIDの本質

ネットワーク社会におけるIDの重要性は年々高まっている．コンピュータの速度とデータの記憶容量が飛躍的に増大し，情報の検索能力の高度化と高速化により，これまで難しかったIDの統合や連携が技術的に可能となってきた．アイデンティティ管理と言う概念は，今やこの世界の共通のテーマとなっている[10]．

一方，社会生活において国民総背番号制につながる管理体制を他人に知られたくないプライバシーを守るという観点から反対する世論もあり，利便性と独りにしてもらう権利をめぐって社会的コンセンサスの形成が必要となっている[11]．

（1）　ID連携の標準化技術の発展

現代社会にばらばらに構築されている情報システムで使われるIDを連携し統合する必要性に呼応して，次のような要素技術に対する標準化が進められている．

・「ID管理・同期」：IDの作成，変更及び削除などを行う
・「アクセス管理」：ユーザのアクセスの制御を行う
・「ID連携」：各システム間の連携を実現する

これらはWebサイト間のスムースな連携を実現する一種の標準化技術で，国際標準をめぐって複数の団体が競っている[10],[12]．

（2） これからのあるべき姿とID連携の動向

　現状のネット社会では，公共機関や民間企業のサービス提供機関がIDを個別に保有し縦割り行政や顧客囲い込みの営業戦略の下で，各々独自に維持管理しているのが実情である．このため，国民は幾種ものIDや暗証番号を自己責任で管理することを余儀なくされているばかりか，サービス側でもIDや暗証番号の再発行に無駄な労力を割いている．

　この解決手段として，一つのIDでどのサービスも均等に利用できるIDの連携や統制などの機能を具備するアイデンティティアイ管理の実現が期待されている．日本政府は「i-Japan 2015」の中で，国民にとってのIDのあるべき姿について，「ネット社会におけるIDの統合や連携」と言うテーマで取り扱っている．

　将来は，IDの統合や連携により医療サービス，公共サービス，金融サービス，商取引システム，教育システムなどを有機的に連携したサービスも登場し，消費者サービスの向上，事業者間の流通などが合理化も促進されて，社会生活のスタイルが大きく変革することになるであろう．そこでは，広い範囲でIDを基点とした「人」と「物」と「金」がいろいろな方法でつながっていくことが考えられる．したがって，これらの社会基盤のパラダイムシフトの中核がID管理であることを認識することが肝要である[12]．

（3） 社会生活における統一個人識別番号の必要性

　住民基本台帳に基づいた住民票コードは統一番号により行政事務の効率化と国民の便益の最大化を狙うもので，電子政府の基幹となる施策であったが，反対派の根強い抵抗で普及にブレーキが掛けられてきた．反対の理由は，国家権力によるプライバシー権の侵害や名寄せで代替可能とのことであったが，最高裁の住民基本台帳ネットワーク（住基ネット）の判決で「プライバシー権を侵害するものではない」と判断された．

　一方，年金の記録問題などから，氏名・住所などによる名寄せでは本人の確実な管理が不可能であることが実証された．結婚や引っ越しで氏名や住所が変化していく中で，生涯変わらぬ自分の統一個人識別番号をしっかり所有し，自分の情報は自分で守るという自覚が求められてくる．行政面でも，常に申請させるというお役所仕事でなく，行政側から告知するという住民サー

ビスが必要となる．この辺りで国民総背番号制の過去の感情論を冷静に見直し，利便性とプライバシー保護の観点で納得のいく仕切りを議論する必要がある[13]．

2010年，政府は「税と社会保障の共通番号制度」導入の本格検討を開始したが，住民基本台帳ネットワークの活用が有力視されている．

2.5 個人識別とプライバシーの保護

個人識別を追求することとプライバシーの保護を追求することは，ある部分では協調する関係にあり，また，ほかの部分では背反する関係でもある．

暗号化や匿名化の技術はプライバシー保護のための基本的技術であるが，個人識別技術でもこれらの基本技術を利用するので協調の関係にある技術と言える．

一方，個人識別技術の一環である追跡可能性，生体認証や否認防止の技術などは個人の識別のために個人のプライバシー情報を詮索するので背反の関係にある技術とも考えられる．

この関係を図示すると図 **2.3** のように，個人識別技術の各要素技術は，左側のプライバシーの保護に寄与するものと，右側のプライバシーの侵害に関与するという 2 面性があるわけである．

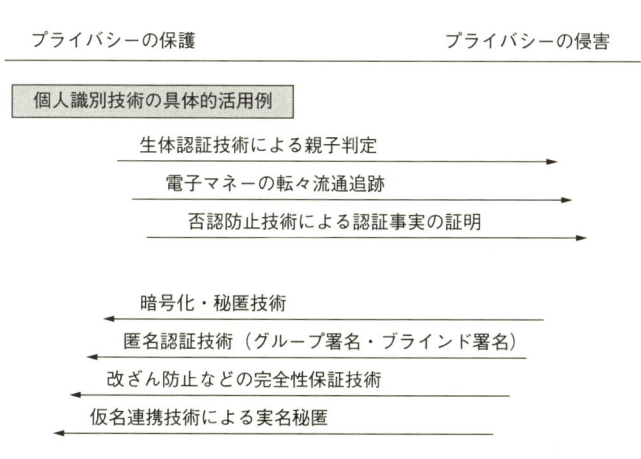

図 **2.3** プライバシーの保護と個人識別技術の関わり

本書の意図とするところは，個人識別の究極の目的としてプライバシー保護の要請を支援することである．つまり，個人識別や本人認証に適用する技術は，精度の高い本人確認を厳格に実施するが，同時に後章で解説する匿名認証技術や一般的な暗号技術を使ってプライバシーの保護を支援している．

　本節では，プライバシーの定義やプライバシーの保護を法規面や技術面から概説していく．

（1）　プライバシーの定義

　米国では，1974年に「連邦プライバシー法」が制定された．この法律は，連邦の記録の誤用から個人のプライバシーを保護し個人に連邦行政機関の保有する自己に関する記録へのアクセス権を与えることを定めたもので，その後多くの国で制定するプライバシー保護法の原型となった．

　その後，1988年に「コンピュータ照合プライバシー保護法」を制定し行政機関の二重請求を発見するようなときに，個人のファイルの操作に対するプライバシー保護を求めるものであった．

　プライバシーと言う概念は，ウイリアム・プロッサー（米国の法学者）が整理したプライバシー侵害の類型がある．①私生活への侵入，②当人の秘匿しておきたい私事の公表，③攻守に誤認を生じさせる私事の発表，④個人の名前や写真の営利的使用の類型が今日の米国判例法に受け入れられている[14]．

（2）　プライバシー権

　日本にはプライバシー保護法はないが，三島由紀夫の「宴のあと」の事件は憲法第13条の基本的人権を根拠に判決が決まるなど，憲法と判例により，徐々に発展してきた経緯がある．最近では，プライバシーは自己情報コントロール権として考えられる動向にあり，多くの議論が行われている．

　さて，本書でテーマとする個人識別を追及していくとプライバシーの保護の領域に踏み込むことになる．ここで，個人識別と言う狭い視点からプライバシーの保護を考えるとき，関わってくる法令は以下のとおりである．

　（a）　個人情報保護法　　個人に関する情報を取り扱う事業者が遵守すべき義務などを定めたのが個人情報保護法である．この法律では，当該情報に含まれる氏名，生年月日その他の記述などにより個人を識別できる情報を個人情報と定義している．個人情報取扱事業者の義務は取得に当たって利用目

的を特定し通知すること，まず個人情報を集めて取り扱う事業者はその目的を明示すること，利用目的以外の情報の利用や第三者への提供は原則として本人の了解を得ること，苦情の適切で迅速な処理を行うことなどが規定されている．

個人情報保護法にはプライバシー保護についての記述はないが，プライバシーに含まれる情報が個人識別可能であれば法の定義から立派な個人情報となるので，保護の対象になる．個人名が識別できる健康診断書や医療カルテの情報や財産・貯金通帳の情報などまで含まれることになる．

個人情報の中で特に氏名・住所・生年月日・性別などは住民基本台帳の基本4情報であり，さらに電話番号・メールアドレス・会社名などの属性情報は典型的な個人情報事例となり得るが，この法律にあるように，その有用性に配慮しつつ個人の権利利益を保護することが肝要である．

（b） 特定電子メールの送信の適正化等に関する法律　特定電子メールの送信に当たっては，当該送信者の氏名または名称及び住所，電子メールアドレスなどを表示すること，また電気通信事業者は特定電子メールの送受信上の支障の防止に資する役務に関する情報の提供に努めなければならないことを規定している．これは，通信の秘密の原則に反して，特定電子メールいわゆるスパムメールや迷惑メールを送信する者に対しては発信者の氏名や住所などの情報を特例として開示してよしとしている．このほかプロバイダ責任制限法に関するガイドラインでは，個人の権利を侵害する情報の送受信防止措置としてプライバシー侵害の観点や名誉毀損の観点からの対応手順が記述されている．通信の秘密とプライバシーの保護の機微な問題を取り沙汰している．

（c） 電気通信事業法などの守秘義務　通信を行う場合は接続のために相手の正確な識別が必要である．

接続の後，会話やデータの交換を行うとき，事前に相手の声を聞いたり，識別記号や暗証番号を確認するなど，相手が正しい相手であることをいろいろな方法で何度も確認して，そこではじめて本番の通信が始まる．これまでに述べた「個人識別」と「本人認証」の最も典型的な機能を踏まえた事例であることは言うまでもない．

一方，通信の内容はいわゆる個人のプライバシーに属するものであり，通信年月日，着信番号，契約者の住所氏名など関連する個人情報を含めて，どのような場合でも他人に漏れぬよう固く保護されなければならない．

このように，通信とは個人識別とプライバシー保護の二つの機能が両天秤で実現しなければならない，この節の最も分かりやすい事項と言える．電気通信事業法では，現業の従業員はもちろん，退職後も守秘義務についても規定されている．

また，弁護士法，公証人法，医療法，司法書士法，行政書士法，公認会計士法，保険業法，金融先物取引法，電子署名法，証券取引法，税理士法，弁理士法，社会保険労務士法，信書送達法などいわゆる個人のプライバシー権に触れる情報を扱う法令では，何らかの形で守秘義務が規定されている．

（3）　技術的なプライバシーの保護

個人識別機能を前提とするシステムで，プライバシーリスクを守る視点で関連する技術を概説しておく．

（a）　**不正な情報流失からの保護**　　プライバシー保護の目的を完遂するためには，最高度の機密情報を守ると同等な情報の保護機能が必要である．暗号通信技術は必然的に至る箇所で採用され，プライバシー情報の不正流出や情報漏えいを防止する．

コンピュータでは，アクセスの制御機能を持ち取得要請者の認証と認可を行い不正なアクセスを防いでいる．なりすましやID及び個人識別・本人認証情報の漏えいなども様々な防止対策で防止する．基本になる技術は暗号及びその関連技術である[15]．

（b）　**IDの不当な公開からの保護**　　IDの不当な公開，つまり個人名の不当な開示が行われることはプライバシーの侵害の最も典型的な事象である．個人識別情報がプライバシー情報と結び付くことが問題であることに着目し，ログオンの時点でそのつながりを遮断する技術が必要となる．匿名認証技術はその代表的な技術である．

その応用として，グループ署名やリンク署名がある．ネットワークオークションなどで，売手と買手のメールアドレスをお互いに秘匿する目的で開発された仮名連携技術がある．この場合，甲と乙は直接アドレスを開示するの

ではなく，オークション会社を必ず仲介して連絡を取るという仕組みである．シングルサインオンの技術でも，お互いのIDは各サービス業者間では分からないようにするなど，不当な連携ができないようなプロトコルが採用されている．

（c）不当な内容公開からの保護　電子投票で使われる，ブラインド署名技術は投票所の管理者が投票者の記載内容を見ずに封筒の外から電子的な署名を行い，正しく投票が行われたことを保証する仕組みである．これも，プライバシー保護の技術として考えることができる[16]．

より詳しい，個人識別とプライバシー保護技術については3.14節で説明する．

コラム4　共通IDで利便性向上

「オープンID」と呼ばれる国際規格や携帯電話固有の端末番号を共通IDとして使い，複数事業者のサービスコンテンツを一つのIDで利用する実証実験が2009年9月から計画され，2010年3月に結果が発表されました．

有力通信会社やIT企業，自動車メーカ，シンクタンクなど20社以上の団体が参加する「認証基盤連携フォーラム」が発足し事業者ごとに異なるIDシステムの相互連携を目指して活動が行われました．

これまでばらばらだったIDが一つになれば，ネット利用者の使い勝手は飛躍的に向上します．

具体的な方法は，オープンID対応サイトであれば，既に各社で行っているサービスのIDを使ってログインができ他社のサービスが受けられる仕組みを実現することで，オープンIDを携帯電話で利用する方式，事業者間での属性連携をスムースに行う方式，コンテンツプロバイダの認証における負担を低減させる方式，認識におけるプライバシー保護対策などの検証を実施しました．

これらは，今後の日本の電子政府の利便性向上にも寄与することが期待されます．

出典：認証基盤連携フォーラム，http://www.id-plat.org/forum/20100326press.pdf

参 考 文 献

［1］河村憲明，田中 清，"DNA 型情報の活用，"警察政策研究，no.9，2005．
［2］六法全書 平成 20 年版，p.3533，有斐閣，2008．
［3］法令用語辞典 第 9 次改定版，p.286，学陽書房，2009．
［4］"IP アドレスと IP プロトコル，"日経 NETWORK，http://itpro.nikkeibp.co.jp/article/lecture/20070116/258837/?ST=lecture&P=2
［5］ICANN (Internet Corporation for Assigned Names and Number), "ID Genesis Disclaimer," http://www.idgenesis.com/policy/ID_Genesis_Web_Disclaimer.pdf
［6］公的個人認証システム研究会，猿渡知之，村松 茂，瀬脇 一，"公的個人認証サービスのすべて，"行政，2004．
［7］"欧米諸国の家族制度と身分登録制度－アメリカ－〔「戸籍制度」の基本知識〕，http://www.asahi-net.or.jp/~xx8f-ishr/koseki_usa.htm
［8］棚村政行，"アメリカにおける身分登録制度，"戸籍と身分登録（新装版）（シリーズ比較家族）第Ⅰ期 7，利谷信義，鎌田 浩，平松 紘共編，p.236，早稲田大学出版会，2005．
［9］張 英莉，"新中国の戸籍管理制度（上），"http://www.media.saigaku.ac.jp/download/pdf/vol4/management/03_zhang.pdf
［10］高橋健司，"アイデンティティ管理の現状と今後，"電子情報通信学会誌，vol.92，no.4，2009．
［11］八木晃二，"ネット社会における ID の本質（上），ID 連携が変えるサービスとシステム，"日刊工業新聞，2009 年 8 月 6 日．
［12］崎山夏彦，"ネット社会における ID の本質（中），アイデンティティ関連技術の潮流，"日刊工業新聞，2009 年 8 月 13 日．
［13］秋草晃之，"電子政府の実現に向けて，国民番号制の確立，"日刊工業新聞，2008 年 10 月 6 日．
［14］名和小太郎，"個人データ保護，"みすず書房，2008．
［15］岡本龍明，山本博資，"現代暗号，"産業図書，1997．
［16］辻井重男，"暗号－ポストモダンの情報セキュリティ－，"講談社選書メチエ，講談社，1998．

第 3 章

本人認証の基本技術

3.1 本人認証の原理

　本人認証の最も重要な機能とは，識別標識（ID）で n 人の中から区別された一人の個人をあらかじめ認証情報として登録された情報と 1 対 1 で照合して，確かに本人であることを確認することである．

　本人認証は，図 3.1 のように本人の真正性を確認できる認証情報を用いて，

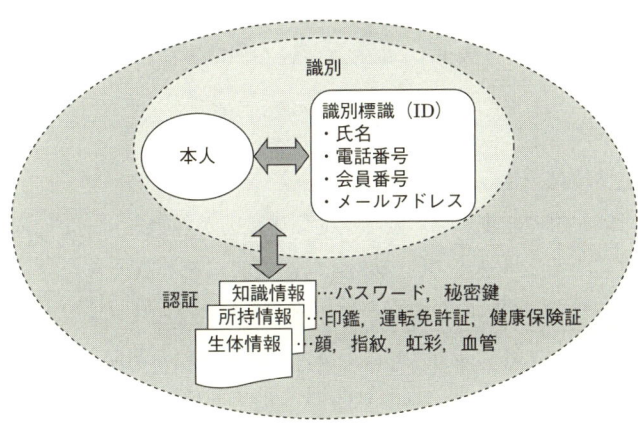

図 3.1　識別と本人認証の関係

それらを照合する形で行われる[1]．

認証情報は本人だけが備えている固有情報で，①生体情報，②所持情報，③知識情報に分けられる[2]．

生体情報は，本人の声，筆跡，署名，指紋などで，人類発生の原始時代から識別・認証に使われている．身体的特徴の個人差を利用するので，身体情報とも言われる．

所持情報は，本人しか所持できない情報を指している．例えば，身分証明書，免許証，健康保険証などの有無，またはその番号により本人を認証しようとするものである．

知識情報は，パスワードや秘密鍵情報など本人しか知らない情報を本人認証に使う．

この三つの認証情報は図 **3.2** のように歴史的な過程を経て今日に至ったもので，ネット社会の難しい本人認証では，これら認証情報を縦横に駆使して本人の確認が行われる．

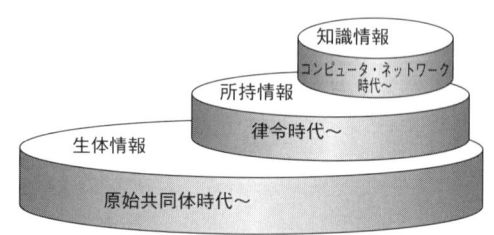

図 **3.2** 認証情報の歴史的経緯

（1） 生体情報（Something you are）

生体情報は人類の発生以来，動物学的個体識別から始まり，更に原始共同体を営むようになると本人や相手の認証に本能的に使われてきた身体的特徴を示す情報である．いずれにしても，生体認証またはバイオメトリック認証技術へと受け継がれ，今日では本人認証を支える重要な技術基盤となっている．

本書では図 **3.3** のように，いわゆるバイオメトリック認証技術として使われるものを取り上げる．

顔画像については，運転免許証やパスポートに添付して長期にわたり使用

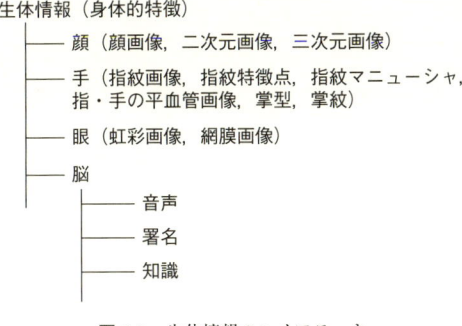

図 **3.3** 生体情報のハイアラーキ

しているので,プライバシー問題についても理解を得やすく,最も実績のある生体情報である.

欠点は,顔の元画像そのものが経年変化や整形手術,変装などで変形の可能性があること,特徴となる個人の認証情報量が多いこと,3D 画像となると高度な認証ロジックを要することなどがある.このため,入国審査などにはほかの生体情報を組み合わせて使われる.国際民間航空機関(ICAO)では,パスポートに採用する生体情報として顔画像を必須とし,指紋と虹彩画像をオプションとすることを表明している[3].

手については,犯罪捜査面から指紋は長年の実績がある.製品としても多くのベンダの優れた製品が市場に出ている.

指紋の画像そのものは情報量としては多量になるので,分岐・終端など特徴点をとらえて識別情報としている.

このほか日本独自の開発製品である手の平や指の中の血管画像の個人差を識別情報として使う方式があり,金融機関で多く導入が進んでいる.また,掌型や掌紋による識別方式がある.

眼については,虹彩や網膜画像がある.眼の一部である虹彩の筋肉模様や網膜の血管画像パターンの個人差を識別情報とする方法である.

虹彩画像は,レンズ(黒目)と白目の間にあるドーナツ状の部分で,レンズの焦点距離を合わせるためにその厚みを調整する放射状の筋肉である.円形ではっきりしているレンズの周りに位置するので,指紋に比べて画像の位置決めが容易で,識別精度も指紋より高いと言われている.

網膜画像は，眼底に見られる動脈と静脈の血管パターンの形の個人差を識別情報として利用する方式である．特殊な光学機器を用いて網膜画像の撮影を行うが，生体情報の採取が難しいので汎用的な方式ではない．ほかの方式に比べて，生体情報が盗まれにくいという特徴もあり，特殊な用途と考えられる．

脳も生体情報の動的な発信元と考えられる．音声や署名は声帯や手腕を使って，その人固有の個人識別情報を生成する．ただし，生成した個人識別情報を固定パターンとして使うと，録音機や署名のなすり書きなどで，なりすまされてしまうおそれがある．そこで，音声の場合は，その時その時で答えが違うように会話形式でダイナミックなやり取りをしてもらい，本当の相手であることを確認する．また，署名の場合は，手の動きや文字の書き順のタイミングなどを動的にとらえて，なりすましを見破る．

いずれにせよ，相手が見えない，ネットワーク上の相手の本人認証を行う上で有力なツールである．

（2） 所持情報（Something you own）

所持情報は様々である．所持情報のハイアラーキは，図 **3.4** のようになる．

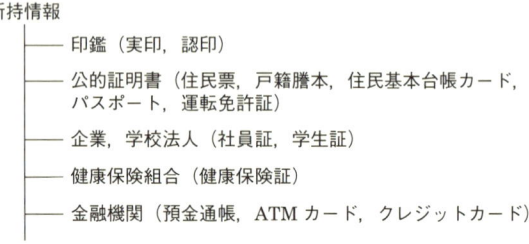

図 **3.4** 所持情報のハイアラーキ

印鑑は，歴史的にも実績が豊富である．日本では特に印鑑登録制度があり，動産や不動産の売買や登録など，重要な公的行為の証として使われてきた．電子署名など新しい署名の方法は開発されているが，印鑑登録制度をなくするほどのインパクトは不十分で，しばらくは両者並存で進むと思われる．

このほかの所持物による本人確認方法としては，公的証明書（住民票，戸籍謄本，住民基本台帳カード，パスポート，運転免許証）がある．これは現

代社会において，特にネットではない実社会活動における本人認証として最も利用されている方式で，しばらくはこの流れは続くと思われる．

　企業や学校法人の発行する社員証や学生証なども，上記の公的証明証に準ずるものとして利用されている．また，健康保険証は身分証明書としての社会的役割を続けることであろう．

　特に家族構成が記述してある保険証は，親子や家族の関係を証すものとして重要である．

　金融機関の預金通帳，ATMカード，及びクレジット会社のカードも本人の認証用に使われる．外国でホテルに泊まるとき，クレジットカードが本人確認の所持物とし提示を要求されことを経験している読者も多いであろう．

　住民基本台帳カード，社員証，学生証，ATMカード，クレジットカードなどはICカード化されて所持されるが，住民票，戸籍謄本，預金通帳などはペーパとして所持され，また実印は印鑑そのものを所持することとなる．ICカードやペーパなどの所持情報は，事前に本人を確認（認証）した上で所持物となるものを発行し，本人に渡すことで一意な括り付けを行う．また，実印は本人の所持物として本人からの申請を受け付けて登録し，認証が必要なときは実印証明書を発行することで本人と実印を捺印した書類との一意な括り付けを行う．所持情報には，このような特徴がある．

　本書では，これらの情報の保管媒体として最も代表的なICカードを取り上げ，ICカード認証技術として3.7節で説明する．

コラム5　所持物による本人認証について

　古事記（712年）に天皇の地位を示す，三種の神器の由来が登場します．天孫降臨のとき，天照大神から授けられた，鏡・剣・曲玉（まがたま）ですが，以来皇位の象徴として，源平争乱や南北朝の歴史的過程を経て，今日に伝承されています．これは，最も典型的な「本人認証」と言えましょう．中国の古代王朝以来，皇帝が決済文書に押下した璽や日本の戦国武将の花押なども，組織のトップの「本人認証」の機能を果たすものであったと言えます．

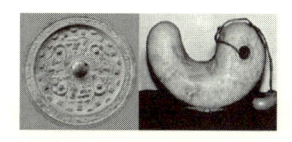

天皇の三種の神器 [http://inoues.net/mystery/3shu_jingi.html]

中国皇帝の信璽 [http://tnCon?pageId=X00/processId=00m.go.jp/jp/servlet/]

　戦国時代の武将は，領国の存亡をかけての機密文書のやり取りを行いましたが，にせの書状が飛び交う中で，本当に本人が書いた書状であることを示すために花押が印章と同じように用いられました．

豊臣秀吉の花押　　　　　　　　　　徳川家康の花押

（3） 知識情報（Something you know）

　ネットワーク社会では，眼に見えない相手の本人認証を行うので，本人しか知らない情報を用いて識別・認証をする方法が主となる．すなわち，知識情報による本人認証である．

　知識情報は前項の所持情報の延長とも言えるが，また生体情報の脳が担当する部分とも考えることができる．知識情報のハイアラーキは図 3.5 のようになる．

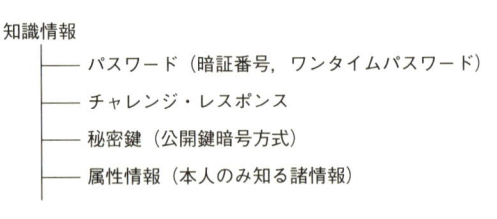

```
知識情報
   ├── パスワード（暗証番号，ワンタイムパスワード）
   ├── チャレンジ・レスポンス
   ├── 秘密鍵（公開鍵暗号方式）
   └── 属性情報（本人のみ知る諸情報）
```

図 3.5　知識情報のハイアラーキ

　パスワードは，最も原始的な知識情報で，静的な本人認証を行う．ネットワーク上を秘密情報が流れるという危険があるので，暗号化によりリスクを軽減することが一般に行われる．

　チャレンジレスポンスによる相手の本人認証は，ダイナミックにその都度相手とやり取りして何らかの方法で相手が秘密情報を持っていることを確認

する方法である．単純なパスワード方式に比べて安全性の改善を図ることができる．

公開鍵暗号方式は1976年，ディフィーとヘルマンによって考案された画期的な発明で，秘密鍵を完全に手元に置き，だれにも知らせないまま，これに対応する公開鍵を登録し，二つの鍵の数学的関係から秘密鍵の所持を判別できる方式である．これにより，従来のパスワード確認のような秘密情報そのものを確認しなければならないというリスクを回避できるので，現在の最も確実な本人認証の方法と言える[4], [5]．

知識情報としては，パスワードと秘密鍵が2大情報であるが，これらをパスワード認証技術及び暗号認証技術として3.8～3.9節で取り上げ説明する．

また，プライバシー保護の観点からは匿名認証技術があり，さらに複数のIDとその認証を一元化する意図でシグルサインオン認証技術がある．これら関連する事項については3.12～3.13節で説明する．

3.2 本人認証の実際のプロセス

本人認証の原理は前節で示したように極めて簡潔であるが，本人認証の実際はどのような手順で進められるのであろうか．

既に1.3節で識別と認証のステップについて概要を説明したが，本節では図1.2に示した本人認証とそれに関係する属性情報について，もう少しメカニズムの視点から眺めてみよう．

まず，個人識別機能は，これまで説明したようにID登録情報との照合で識別が行われる．

次に，本人認証機能は，図**3.6**のフローの説明のように，基本的と付帯的の二つの部分からなっている．

最初の基本的本人認証機能は，識別された本人が本当の本人であることを確認する，狭義の認証である．認証は，一般的には英語でauthenticationであるが，バイオメトリック認証ではverificationと言い，検証または確認と称される．

二つ目の付帯的本人認証機能は，基本的本人認証機能に続いて，本人用の公開鍵証明書を発行するなどの利用者の証明（certification）をする機能や，

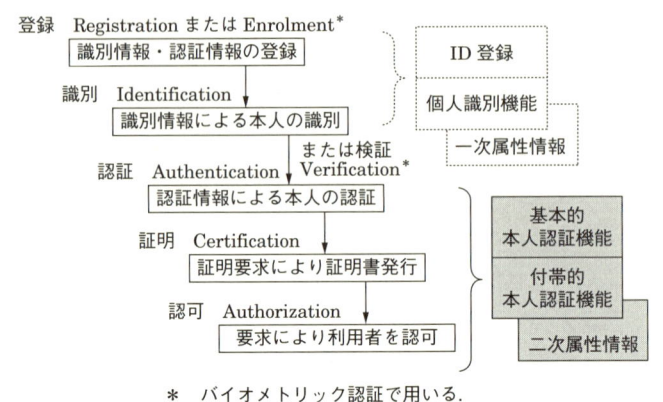

```
登録  Registration または Enrolment*
      識別情報・認証情報の登録                ID 登録
識別  Identification
      識別情報による本人の識別             個人識別機能
              または検証
認証  Authentication Verification*         一次属性情報
      認証情報による本人の認証
                                          基本的
証明  Certification                        本人認証機能
      証明要求により証明書発行
                                          付帯的
認可  Authorization                        本人認証機能
      要求により利用者を認可
                                          二次属性情報

  * バイオメトリック認証で用いる.
```

図 3.6　本人認証の実際のプロセス

本人にアクセス権限を認可（authorization）する機能である．

　利用者の証明とは，ネットワーク上で本人の証明を行う機能で，例えば電子的な証明書を発行し，それにスタンプを電子的に押下する方法が用いられる．

　利用者の認可とは，本人認証が成功した後にネットワーク，サーバやデータベースのアクセス権を与えるような物理的認可はもとより，上位のプロトコルのハイアラーキにおいて，各種のお墨付きを与える機能である．ネットワーク時代の今日では，認可はネット上で電子的に与えられ，作業は瞬間的に進められる．

　さて，このように基本的認証に続いて付帯的認証を行うには様々な認証情報が必要である．属性情報と総称するこのような本人認証に関わる個人の情報を整理すると図 3.7 のように，一次属性情報と二次属性情報に分類できる．

　一次属性情報とは，公開を原則とする氏名，電話番号，会員番号，メールアドレスなどを言う．これは，本人を認証するための基本情報である．二次属性情報と比べて先天的で，不変的な要素が強いとされる．

　二次属性情報とは，パスワード，暗証番号のように，本人認証情報として用いる秘密情報や，組織情報，金融情報，資格情報，権利情報，生活情報，医療情報，家族情報，プライバシー情報など多岐にわたる．これは，きめ細かなアクセスのための証明や認可を行う場合には，本人の属性情報として利用する情報となる．

第3章　本人認証の基本技術　　33

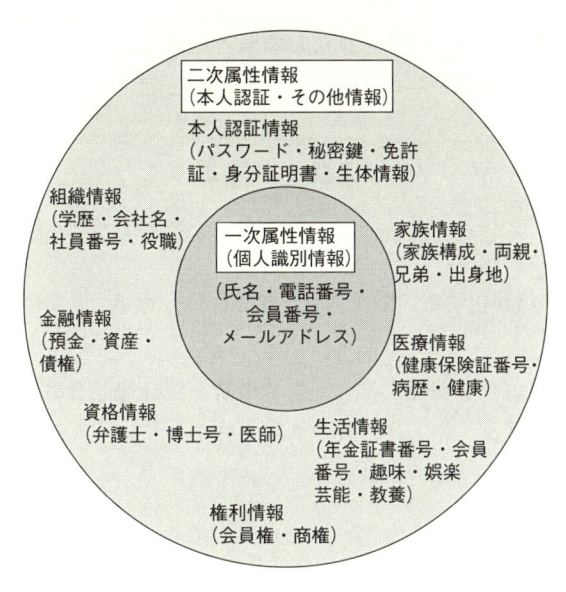

図3.7　属性情報の俯瞰

　これを一般に属性認証機能と呼んでいる．一方，このような属性情報は時間とともに変化するので，属性情報の信憑性を管理するサービスが生まれる．
　本書では，本人認証に付随する，証明や認可の機能を実現するための属性情報を取り上げ，属性認証技術として3.10節で詳しく説明する．
　付帯的本人認証機能は，属性情報を使った属性認証機能と言うことができる[6], [7]．

3.3　本人認証技術の分類

　本人認証技術は，生体認証，所持認証，知識認証の三つの基本認証に分類されることを3.1節で述べた．
　生体認証における認証技術は，通常，バイオメトリック認証技術と言う．所持認証における認証技術は，現在，高い安全性が保証されているICカード認証技術が最も広く利用されている．ここでは，所持認証の代表格としてICカード認証技術に着目する．知識認証は，利便性が高く社会の隅々まで普及・定着しているID・パスワードを利用したパスワード認証技術，高い

安全性を保証するために暗号を利用した暗号認証技術，さらにきめ細かなアクセス制御を可能とするために本人の属性情報を利用した属性認証技術の三つに分類する．

一方，インターネットが社会基盤の一つに成長した今日，インターネットの利用形態も多様化しており，セキュリティ犯罪も高度化・巧妙化して，そのセキュリティ脅威は増加の一途をたどっている．そのため，様々な利用形態に適用でき，巧妙化する"なりすまし犯罪"にも対処できる応用認証が次々と開発されている．

それらの応用認証を整理すると，複数の基本認証機能を組み合わせて安全性を高める複合認証，相手にだれであるか知られずに本人認証を保証する匿名認証，一度の本人認証で複数のサービスを利用できる統合認証に分類することができる．

複合認証は，基本認証機能の組合せの数によって，個別に二要素認証技術，三要素認証技術と言うが，全体では多要素認証技術と呼んでいる．

匿名認証は，暗号認証技術を応用したグループ署名やブラインド署名などの匿名認証技術がある．

表3.1に，これらの認証の基本技術を示す．次節以降では，これら認証基本技術の原理と仕組みなどを詳細に説明する．

3.4　二つの基本方式，パスワード認証とPKI認証

昔からずっと利用されてきた一般的な認証の代表格に，ID・パスワードを利用したパスワード認証方式がある．一方，暗号技術の進展とともに最近になって登場した認証の代表格に，公開鍵暗号技術を利用したPKI（Public Key Infrastructure）認証方式がある．PKIは，電子認証基盤とか，公開鍵認証基盤とも呼ばれているが，ここでは電子認証基盤と呼ぶこととする[8],[9]．

ここで，本人認証に登場する人物（プレイヤ）は，次のとおりである．
- ・認証対象者：登録してある者が本人であることの証明を要求する者．通常，サービス事業者にサービス提供を要求する利用者である．
- ・検証者：認証対象者が登録してある者と同一であることを確認する者．通常，利用者にサービスを提供するサービス事業者である．

第3章 本人認証の基本技術

表 3.1 認証基本技術の分類

分類			本章で記述する認証技術	
基本認証	生体認証	本人の体や器官が持つ固有情報（生体情報）の個人差を利用	3.6節 バイオメトリック認証技術	指紋，網膜，虹彩，手の平・指静脈，顔型，DNA の各認証技術
	所持認証	本人しか持ち得ない情報（所持情報）が焼き付けられた物理的媒体（内蔵する情報の書換えが不可能な物理的媒体）を認証	3.7節 IC カード認証技術	クレジットカード，銀行カードなど
	知識認証	本人しか知らない情報（知識情報）を持っていることを利用．本人のみが知っていてかつ記憶できる情報と，本人のみが知っている情報ではあるが記憶できない情報があり，記憶できない情報は，本人の所持物（IC カード，PC など）に格納して管理	3.8節 パスワード認証技術	ワンタイムパスワード，チャレンジレスポンスなど
			3.9節 暗号認証技術	対称鍵，公開鍵，3交信プロトコルなどの認証
			3.10節 属性認証技術	属性認証の原理，仕組みなど
応用認証	複合認証	基本機能の欠点を補いセキュリティを強化するため，基本機能を組み合わせることを利用	3.11節 多要素認証技術	二要素認証，三要素認証
	匿名認証	本人であることを知られずに認証することを利用	3.12節 匿名認証技術 3.14節 プライバシー保護技術	グループ署名，ブラインド署名などの認証
	統合認証	一度認証すれば，ほかのサイトの認証にも利用できることを利用	3.13節 シングルサインオン認証技術	リバティアライアンス，OPEN-ID などの認証

・認証者：検証者が本人を確認するとき確かに本人であることを認証する者．

　パスワード認証では，通常，検証者＝認証者であるが，PKI のように第三者信頼機関が登場することもある．

　それでは**表 3.2**を使って，パスワード認証と PKI 認証の特徴，優劣，適用領域をもう少し詳しく説明する．

　パスワード認証は，相手（検証者）が本人（認証対象者）と同じパスワードを保持していて，本人から送られてくるパスワードと照合して本人を認証

表3.2 パスワード認証とPKI認証の比較

方式	認証情報	検証情報	認証安全性	暗号通信	適用
パスワード認証	パスワード	パスワード	低	必須	認証
PKI認証	秘密鍵	電子署名データ（公開鍵利用）	高	不要	認証署名

する方式である．経済的にかつ簡単にシステムに実装できて，利用者の使い勝手も良いことから，過去から現在まで最も普及している認証方式である．

パスワード認証では，利用者は事前にサービス事業者に識別標識（ID）と認証情報（パスワード）を登録しておく．そして，サービス要求のログイン時にIDとパスワードを提示する．サービス事業者は，利用者からサービス要求があると，登録されているIDとパスワードを使って本人の識別と認証を行う．本人認証が成功すれば，要求された実サービスを提供する．本人認証が失敗すると，本人にはエラーメッセージが送られ，サービスの提供は行われない．

認証情報として知識情報のパスワードを利用するだけでなく，生体情報や所持情報などほかの認証情報も利用して安全性を高めることもできる．例えば，銀行のATMでは，パスワードによる本人認証だけでなく，更に指や手の平血管画像などの生体情報による本人認証も行っている．

一方，PKI認証は，暗号理論の中で公開鍵暗号方式の特徴を活かして行う．公開鍵暗号方式は，一対の暗号鍵（秘密鍵と公開鍵）の特性を利用して極めて安全な認証環境を実現している．それは，一対の暗号鍵のどちらか一方の暗号鍵で暗号化すると，もう一つの暗号鍵で復号化することができるという公開鍵暗号アルゴリズムの特性をうまく利用したものである．すなわち，本人の認証には知識情報として秘密鍵を使うが，それは一切他人には渡さず自分だけが所持し，検証者には秘密鍵を生成するとき一緒に生成されるもう一つのペアな鍵（これを公開鍵と呼ぶ）を渡して，この公開鍵を使って本人を認証するものである．相手はその暗号データを本人の公開鍵で復号化して暗号化前のデータに復号できたかどうか検証することで認証する．

ここで，検証者は公開鍵がだれの所持物かを識別する必要があるが，そのため利用者は，事前に信頼できるセンターに公開鍵を登録しておく．検証者

は信頼できるセンターから発行される公開鍵証明書を用いて利用者を識別する．そして，本人の認証は利用者しか知り得ない秘密鍵とそのペアになる公開鍵とのマッチングで行う．

このマッチングは，秘密鍵で暗号化された署名データを公開鍵で正しく復号化できるかどうかで判断する．すなわち，利用者はサービス要求のログイン時に，サービス事業者に秘密鍵で暗号化した署名データを提示する．サービス事業者は，署名データを利用者の公開鍵で復号化して正しく復号化されれば，本人認証が成功となる．

このように，パスワード認証方式とPKI認証方式の仕組みには大きな特徴があるが，次のような優劣も存在する．

パスワード認証方式の弱点は，パスワードが単なる文字列であるため簡単に見破られてしまうリスクがあること，もう一つは，その文字列を相手に送信しなければならないため通信路上での盗聴による漏えいリスクが存在することである．このため，実際の運用では，パスワードの作り方を工夫したり，複数回検証に失敗すると使用不可にしたり，通信路上を暗号通信したりと，様々な対応策を取ることによって安全性を保証しなければならない．

PKI認証方式の優れた点は，秘密鍵は強力な計算機を使っても現実的に破ることのできない安全なものであること，秘密鍵は相手に送らなくてよいことであり，上記で述べたパスワード認証の二つの弱点を見事に克服している点である．このため，認証の際の通信路上の暗号通信は必要ない．しかし，相手に配布する公開鍵が本人のものであることを保証する仕組みが別途必要であり，この仕組み構築による経済性の低下や手続の煩雑さによる利便性低下が，普及のネックとなっている．

今日では，それらも技術進歩や運用改善によって次第に克服されつつあり，安心安全な社会システム構築の重要な基盤となっている．最近では，公的個人認証サービスが全国の市町村に提供されているので，それを利用すれば極めて簡単にPKI認証を実現することができる．

── コラム6　パスワード認証とPKI認証の本質的な差は何か ──

　パスワード認証とPKI認証の目的とすることは同じです．しかし，その機能の力量と仕組みの完成度からすれば，月とスッポンの差があることを，ここで再認識しておきましょう．

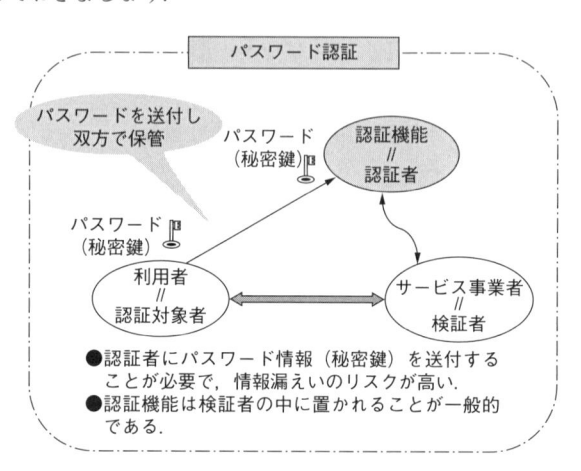

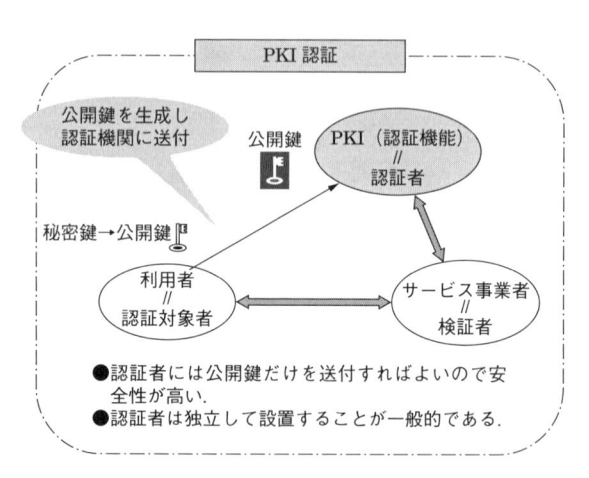

```
                    ┌─ パスワード認証 ─┐

    パスワードを送付し        パスワード        認証機能
    双方で保管              （秘密鍵）        ＝＝
                                          認証者
      パスワード
      （秘密鍵）
                利用者                サービス事業者
                ＝＝     ⟷         ＝＝
                認証対象者              検証者

  ●認証者にパスワード情報（秘密鍵）を送付する
    ことが必要で，情報漏えいのリスクが高い．
  ●認証機能は検証者の中に置かれることが一般的
    である．


                    ┌─ PKI認証 ─┐

    公開鍵を生成し           公開鍵         PKI（認証機能）
    認証機関に送付                         ＝＝
                                          認証者
      秘密鍵→公開鍵
                利用者                サービス事業者
                ＝＝     ⟷         ＝＝
                認証対象者              検証者

  ●認証者には公開鍵だけを送付すればよいので安
    全性が高い．
  ●認証者は独立して設置することが一般的である．
```

●パスワード認証方式（図の上）の泣き所は，認証のための照合情報としてパスワードと言う秘密情報を何らかの手段で先方の認証者に送らなければならないという宿命です．もちろん，SSLなどの暗号通信技術を使い，通信路を秘匿して送りますが，秘密情報を相手に届けるという本質は変わりません．

- PKI認証方式（図の下）では，認証者であるPKIに認証のために送り込む照合情報は，公開鍵と言う秘密にしなくてもよい情報だけ，という大きな特徴があります．公開鍵は，暗号理論により相手が秘密鍵を持っている本人であることを確認することができます．しかも，公開鍵から秘密鍵は逆算困難なことが証明されているので，白昼堂々と公開鍵のほうを使って本人認証を遂行できるのです．
- ほとんどの不正行為の根源は，パスワードと言う秘密鍵の送付や取扱いから生まれていることから考えれば，いかなる状態でも一切秘密鍵を手元から離さないで本人認証ができるPKI認証方式がいかに画期的であるかが分かります．

3.5 本人認証の標準モデル

クライアントサーバモデルのネットワークシステムにおいては，認証は，サービスを利用する側の利用者認証（クライアント認証とも言う）とサービスを提供する側のサーバ認証がある．

本書では，個人識別・認証を扱うことから，以下に利用者認証に着目して，本人認証のシステム構造について説明する．

（1） 本人認証に必要な基本機能

利用者がサービス事業者からサービスを受ける場合，利用者はサービス提供に先立って，サービス事業者に他人と識別できる情報（識別情報）を提示するとともに，真に本人自身であることを確認できる情報（認証情報）を同時に提示して，本人の真正性を保証しなければならない．

識別情報は，n人の中の一人を他者と区別して識別する技術（個人識別技術）により得られるが，第三者の"なりすまし"によって識別情報を悪用される可能性がある．ただし，識別情報をだれにも分からない形で完全に秘匿することが可能であれば，その識別情報はそのまま認証情報として利用することは可能である．一方，認証情報は秘匿性が堅持されることが必須であり，他人が知り得ない情報であればどんな情報でも構わず，一意に識別可能な情報である必要はない．

このように，識別情報と認証情報は求められる性質が異なることから，ネットワークでの本人認証を行う際には，セキュリティ及び利便性から識別情報と認証情報を明確に区別して管理する方法が用いられている．

　例えば，一般によく用いられているID・パスワードによるログインでは，IDは利用者を一意に識別するコード（識別情報）として用いられ，パスワードは本人の真正性を保証するコード（認証情報）として用いられている．また，ICカードによるログインでは，ICカードは識別情報として，ICカードに付与されるパスワードは認証情報として用いられる．更にICカードにバイオメトリック認証情報を格納して，パスワードとセットにして強固な認証情報として用いることも行われている．

　こうすることにより，サービス提供のための利用者管理データベースと利用者を認証する秘匿性が要求される認証情報データベースの構築・維持管理は独立に扱うことができ，信頼性の高い効率的なシステム構築が可能となる．

　それでは，本人認証はどのような仕組みで承認・検証されているか考えてみることにする．

　まず，認証システムに登場する人物は，前節でも述べたように，認証対象者（認証される人，一般にサービス利用者），認証者（認証情報を承認する人），検証者（認証情報を受け取ったときにそれを検証する人，一般にサービス事業者）の3者からなる．

　ここで注意すべきことは，認証者はここに登場する人物の信頼の起点（信頼の拠り所）になっていなければならないということである．また，認証者は，検証者（サービス事業者）の中の組織であっても，検証者（サービス事業者）以外の外部の第三者認証機関であっても構わない．

　認証プロセスについては，次の三つの基本プロセスで構成されている．

　（a）　認証情報の登録と承認　　事前手続として，認証対象者（利用者）は，認証者との間で識別情報／認証情報の登録手続を行う．

　（b）　認証情報の提示　　認証対象者（利用者）は，検証者（サービス事業者）からサービス提供を受けたい場合には，検証者（サービス事業者）に認証者の承認を得ている識別情報／認証情報を提示する．

(c) 認証情報の検証 検証者（サービス事業者）は，認証者との間で利用者から提示された識別情報／認証情報の検証確認を行う．認証者からの真正性の確認が得られれば，検証者（サービス事業者）は利用者本人が提示したと判断して利用者のサービス要求に応ずる．

以下，システム構築の事例に沿って具体的に説明する．

（2）本人認証の基本システム

個人認証を利用するサービスの最も基本的なシステム構成は，サービス利用者とサービス事業者の2者間で認証するシステムである．図 **3.8** に，その基本システム構成を示す．

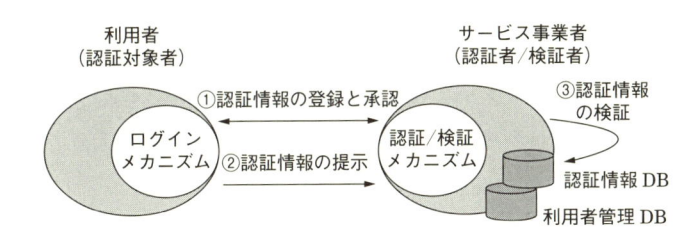

図 **3.8** 本人認証の基本システム構成

このシステム構成における信頼の起点はサービス事業者側にあり，サービス事業者はサービス提供に先立ち，事前にサービス利用者の個人情報登録と本人確認を行い，利用者に対して識別情報と本人を特定する認証情報を提供する．

利用者よりサービス要求が発生したときには，利用者はサービス事業者に識別情報と認証情報を送付し，サービス事業者は識別情報を検索キーとして，送られてきた認証情報と事前に登録されている認証情報を照合してサービス提供の可否を検証する．

現在，ほとんどのシステムがこのシステム構成を採用しており，そこでは最も古典的なパスワード認証方式（認証情報にパスワード知識認証を利用）が主流となっている．

しかし，知識認証ではパスワードが盗まれる可能性があること，また所持認証でもカードを盗まれてなりすましされること，生体認証といえども人工

指を偽造して本人の振りをすることができることなど，様々なセキュリティ脅威が存在している．

そのため，金融機関のような高度なセキュリティが要求されるシステムなどでは，ICカード所持認証とパスワード知識認証を組み合わせて，その真正性を確認する方法が一般化されており，更に指紋や指静脈などの生体認証を組み込むことも行われている．

このように，求められるセキュリティ強度に応じて，知識認証，所持認証，生体認証（バイオメトリック認証）の本人認証技術を複数組み合わせた認証技術が利用されている．

（3） 本人認証の第三者認証システム

前述の本人認証の基本システム構成は信頼の起点をサービス事業者に置いているが，もう一つのシステム構成として信頼の起点を信頼できる第三者の認証機関に委ねる拡張型のシステム構成がある．図3.9に本人認証の第三者認証システムの構成を示す．

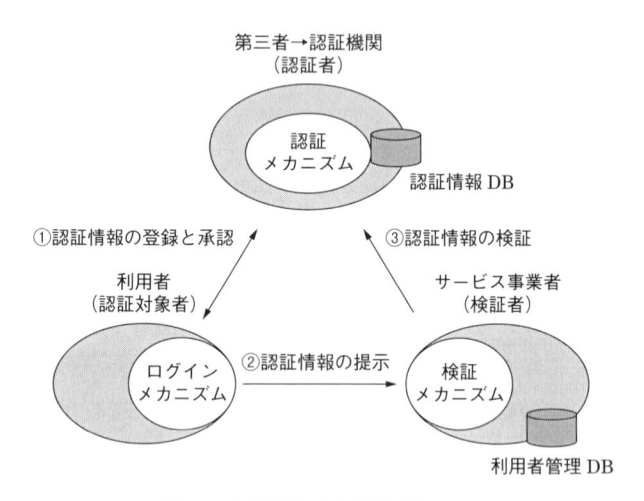

図3.9 本人認証の第三者認証システム

この拡張型システムは，サービス利用者もサービス事業者も第三者の認証機関を信頼することを前提としており，信頼された第三者の認証機関は利用者の個人情報を認証することによって，サービス事業者に利用者の身元を保

証する機能を提供するものである．

このシステム構成には，次のようなメリットがある．

① 安全性を高めるため技術的に高度な認証技術が要求される場合に，サービス事業者は洗練された高度な認証技術を外部の信頼できる専門機関に委託することによって，高機能化・複雑化する認証業務やメンテナンス作業から開放され，本来のサービス提供業務に専念できること

② 利用者が複数のサービス提供者のサービスを利用したい場合に，それぞれのサービス提供者と個別に個人情報登録する必要がないこと

③ 本人確認を確実にする社会基盤（インフラストラクチャ）の構築によって，みんなで共有することによるシステムコストの低減も可能となること

このシステムは，様々なシステムが長期間にわたって利用することを前提とした社会基盤としての性格が強く，第三者の認証機関には，"技術的な信頼性"と"運用上の信頼性"の二つの絶対的な信頼性が求められる．以下に，代表的な三つの認証基盤について説明する．

（a）カード認証基盤　　カード認証基盤は，現在，実社会で最も普及している認証基盤である．金融業界で利用されてきたカードは，当初は磁気カードであったが，磁気カードは簡単に記録情報が盗み取られ偽造されてしまうため，現在は技術的な信頼性を保証するためICカードに移行している．そのカードの発行・運用についても，信頼性を維持するためカードイシュア（カード発行者）によって厳重に管理されている．

カードには，クレジット会社のクレジットカードや銀行のキャッシュカードなど多くの種類があるが，ここでは，クレジットカードを例にとって説明する．

図 **3.10** にクレジットカード認証基盤のシステムイメージを示す．

利用者はクレジットカード会社に，個人情報として本人の預金口座情報など提示して，クレジットカード発行を依頼する．クレジットカード会社は，提供された個人情報を基に本人確認が終了すると，クレジットカードの発行と本人用のパスワードを登録する．

利用者は，事前にクレジットカードの裏面に自署名しておき，利用時はク

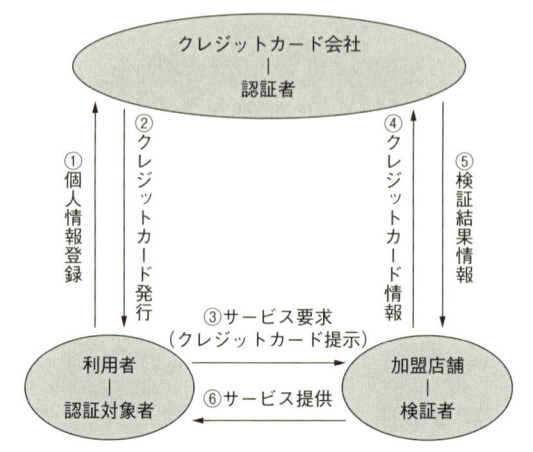

```
                クレジットカード会社
                      |
                     認証者
```

(図: ①個人情報登録, ②クレジットカード発行, ④クレジットカード情報, ⑤検証結果情報, ③サービス要求（クレジットカード提示）, ⑥サービス提供, 利用者＝認証対象者, 加盟店舗＝検証者)

個人情報：クレジットカード　　　検証：自署名とカード上署名の照合
　　　　（自署名，暗証番号）

図3.10　クレジットカード認証基盤

レジットカードを加盟店舗に提示して，売上伝票にサインする．

　加盟店舗では，CAT端末（信用照会端末）からクレジットカードをクレジットカード会社のホストコンピュータにオンライン認証（与信照会：オーソリゼーション）し，クレジットカードの有効性（盗難などにより失効していないかなど）を検証する．また，クレジットカード所有者が本人かどうか，売上伝票にサインされた自署名とカードの裏面記載の自署名を照合して確認する．

　最近では，暗証番号入力用端末（PINパッド）から暗証番号を入力させることにより，サインを不要とする動きが主流になっている．

　（b）電子認証基盤　　電子認証基盤は，技術的に安全性が保証され広く利用されている公開鍵暗号に委ねており，この公開鍵暗号を個人情報として取り扱うことで，非常に高い信頼性を保証している．また，運用上の信頼性は，認証機関が厳守すべき運用規定CPS（Certification Practice Statement）で保証している．特に，電子認証基盤は，カード認証基盤と異なり，個人認証だけでなく，使い方によって盗聴，なりすまし，改ざん，事後否認と言った脅威に対しても対応策を具備しているので，インターネット社会における社

第 3 章 本人認証の基本技術

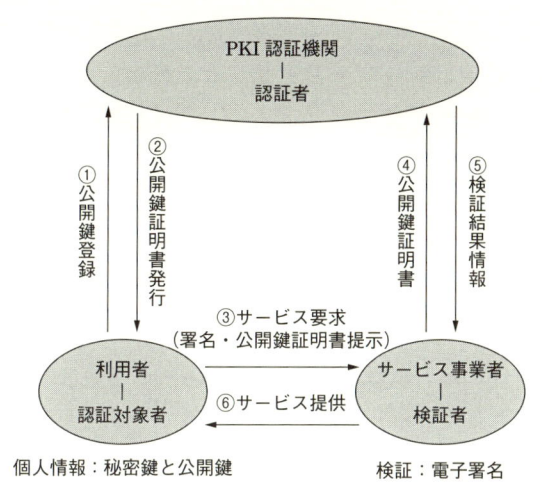

```
                    ┌─────────────────┐
                    │  PKI 認証機関    │
                    │       │         │
                    │    認証者        │
                    └─────────────────┘
                  ①↑  ②↓    ④↑  ⑤↓
                  公   公    公   検
                  開   開    開   証
                  鍵   鍵    鍵   結
                  登   証    証   果
                  録   明    明   情
                      書    書   報
                      発
                      行
                              ③サービス要求
                           （署名・公開鍵証明書提示）
                    ┌───────┐ ─────→ ┌───────────┐
                    │ 利用者 │         │サービス事業者│
                    │認証対象者│ ←───── │  検証者    │
                    └───────┘ ⑥サービス提供 └───────────┘
          個人情報：秘密鍵と公開鍵            検証：電子署名
```

図 **3.11** 電子認証基盤

会基盤として有望視されている．

図 **3.11** に，電子認証基盤のシステムイメージを示す．以下では，認証の手続について説明するにとどめ，公開鍵暗号や認証機関の原理・仕組みは 3.9 節で詳しく説明する[10]．

電子認証基盤では，利用者は個人情報として本人しか持ち得ない「秘密鍵」とその秘密鍵とペアで生成される「公開鍵」を利用する．

まず，利用者は PKI 認証機関に個人情報としての公開鍵を，身元を保証する確かな証拠と一緒に提示する．PKI 認証機関は，身元の確認をした上で，提示された公開鍵の所有者証明書「公開鍵証明書」を発行する．この公開鍵証明書には，利用者の識別コード，利用者の公開鍵，証明書の有効期限，証明書のシリアルナンバ，発行機関名などの情報が入っており，発行機関の電子署名（認証機関の秘密鍵で暗号化）がされている．

次に，利用者が電子商取引などのサービスを利用するときには，サービス事業者に対して利用者の電子署名（利用者の秘密鍵で暗号化）と公開鍵証明書を送付する．

サービス事業者は，送られてきた公開鍵証明書が，現在，本当に有効かどうかを PKI 認証機関に確認する．この確認は，以下のリスクを回避するため，

公開鍵証明書の失効が行われているかどうかを確認するものである.
- ① 秘密鍵の安全性低下による危殆化リスクが発生
- ② 秘密鍵の盗難・紛失により第三者による不正利用リスクが発生

検証結果が有効であることが確認されると，サービス事業者は，利用者を本人と認めてサービスを提供する．

これは，ちょうど，実社会における印鑑証明と同じ仕組みであり，印鑑証明の場合には，第三者認証機関は市区町村役場であり，「公開鍵」と「秘密鍵」のペアが「実印」に相当し，「公開鍵証明書」が「印鑑証明書」に該当する．

また，印鑑証明の場合には，図3.11の④と⑤の手続はなく，サービス事業者が実印の押された書類と印鑑証明書の実印の印影を目視で確認して検証している．この場合には，実印が盗難・紛失して利用されても，実印が偽造され利用されても，サービス事業者は分からないので，そのリスクを最小限にとどめるため印鑑証明書の有効期間を比較的短い3か月としている．

一方，電子認証基盤では④と⑤の手続により，毎回，公開鍵証明書の有効性確認をしているので，公開鍵証明書の有効期間を長く取ることが可能であり，不正使用に対する安全性も強化されている．

（c）アイデンティティ管理基盤　　アイデンティティ管理は，Webサービスの進展に伴い，最近，にわかに脚光を浴びてきた認証基盤である．Webサービス自身が新しいため，未だ，カード認証基盤や電子認証基盤ほどの普及や利用実績はないが，今後有望な社会基盤として期待されている．

アイデンティティ管理は，利用者が様々なWebサービスを利用する際，それぞれのWebサービスが提供する認証メカニズムを個別に利用するのは不便であり，できれば統一的な認証メカニズムにより，簡単にWebサービスを利用したいという要求から生まれた．

アイデンティティ管理基盤は，そうしたシングルサインオン（SSO）ソリューションを提供する社会基盤として特に注目されており，利用者はアイデンティティ提供者（IdP）で一度認証されると，再度サインオンすることなく複数のサービスを利用できる．

図**3.12**に，アイデンティティ管理基盤のシステムイメージを示す．

以下に，アイデンティティ管理基盤を提供する代表的な認証技術である

第3章　本人認証の基本技術

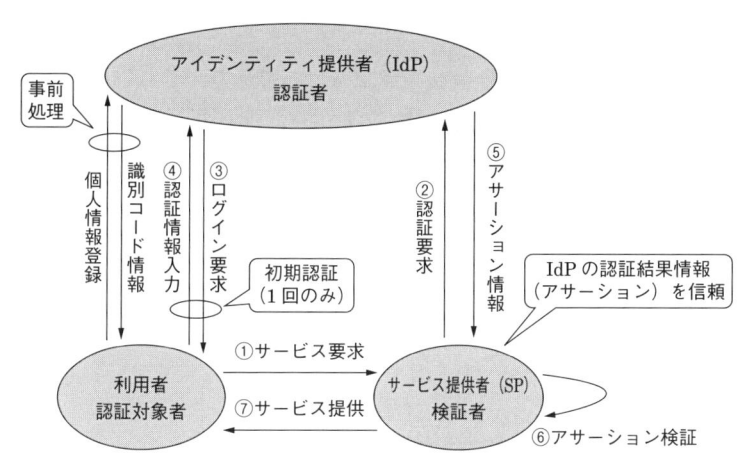

```
            アイデンティティ提供者（IdP）
                    認証者
   事前
   処理              ④ ③      ② ⑤
       個 識 認 ロ    認 ア
       人 別 証 グ    証 サ
       情 コ 情 イ    要 ー
       報 ー 報 ン    求 シ
       登 ド 入 要        ョ
       録 情 力 求        ン     IdPの認証結果情報
           報              情     （アサーション）を信頼
                          報
              初期認証
             （1回のみ）

            ①サービス要求
   利用者                     サービス提供者（SP）
  認証対象者     ⑦サービス提供      検証者
                                ⑥アサーション検証
```

（注）　①サービス要求において，Open IDは識別コード情報を入力するが，
　　　　SAML, Information Cardは識別コード情報を入力しない．

図 **3.12**　アイデンティティ管理基盤

SAML 2.0 と Open ID Authentication 2.0 を例に，認証の手続について概要を説明する．3.13 節では，それらのシングルサインオン認証技術について更に詳細に説明する[11], [12]．

　SAML 2.0 では，まず最初に，利用者は IdP, SP に対してアカウント開設を行い，IdP と SP は相互に利用者のアカウント連携に同意する．すなわち，IdP と SP はトラストサークルを形成する必要があり，これが SAML 2.0 の最大の特徴と言える．その上で，利用者は，SP に対してサービス要求を行う．

　一方，Open ID Authentication 2.0 では，事前に IdP と SP 間で連携同意を行う必要はない．利用者は，事前に IdP に対してアカウント登録を行い，識別コード情報として URL アドレスを取得する．サービス利用時には，その URL アドレスを Open ID ログインとして入力する．

　SAML 2.0 でも Open ID Authentication 2.0 でも，SP は利用者からサービス要求を受け取ると，IdP に対して利用者認証を依頼する．IdP は SP に代わって（リダイレクトにより）利用者に対してログイン要求を発行し，パスワードなどの認証情報を入力させる．

　IdP は利用者から入力されたパスワードなどの認証情報を評価して，その

認証結果（アサーション）をSPに返却する．ここで，利用者がIdPからのログイン要求を受信するのは最初の認証時のみであり，それ以降は，ログアウト終了処理が行われるまで認証結果はIdPに保持しているものを利用する．SPではアサーションを検証して問題なければ，利用者にサービスを提供する．

引き続き，利用者がほかのSPのサービス要求を実行すると，同様にSPはIdPに利用者認証を依頼するが，その場合には，IdPは現在保持している認証結果（アサーション）を返却する．すなわち，図3.12の③と④は実行されず，⑤を実行する．

3.6 バイオメトリック認証技術

（1）バイオメトリック認証の原理

バイオメトリック認証と言えば，指紋，虹彩や顔の生体認証に関する各論を個別に説明することが通例となっているが，本書では，もう少しバイオメトリック認証の本質から解説を展開していくこととしたい．

バイオメトリック認証技術の理論は，人間一人ひとりの生体情報の個人差を抽出し個人識別を行うということである．識別される個人情報とは，もともとは人体の構造設計図であるDNA（デオキシリボ核酸）情報の個人差から来ているという理解は重要であると思われる．すなわち図3.13のように，受精の瞬間に決まる父親と母親から受け継いだDNAの塩基配列の個人差が生体情報による識別の出発点になっているのである[13],[14]．

DNAは，細胞の中心部にある細胞核の中に存在しA（アデニン），G（グ

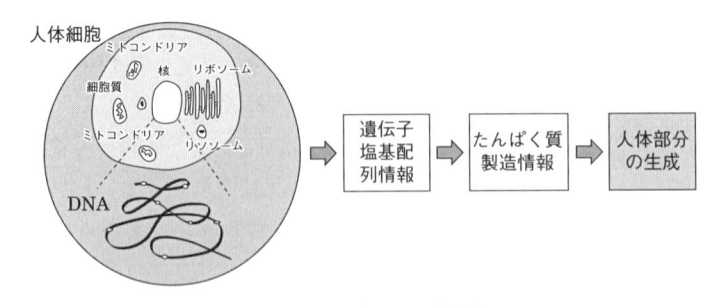

図3.13　人体各部の生成過程

アニン），C（シトシン）及びT（チミン）と言われる四つの種類の塩基の集合体である．その塩基の全体数は約30億個あり，塩基の配列の中のある部分は人体のたんぱく質の構造を決める情報である．

この配列の細部の違いが個人個人の違いとなる．

図**3.14**のように，指紋，顔，虹彩，手の平・指・網膜の血管などは，DNAの遺伝子塩基配列に示された人体各部分のたんぱく質製造基本情報を基に徐々に細胞が生成され形成されてくる．

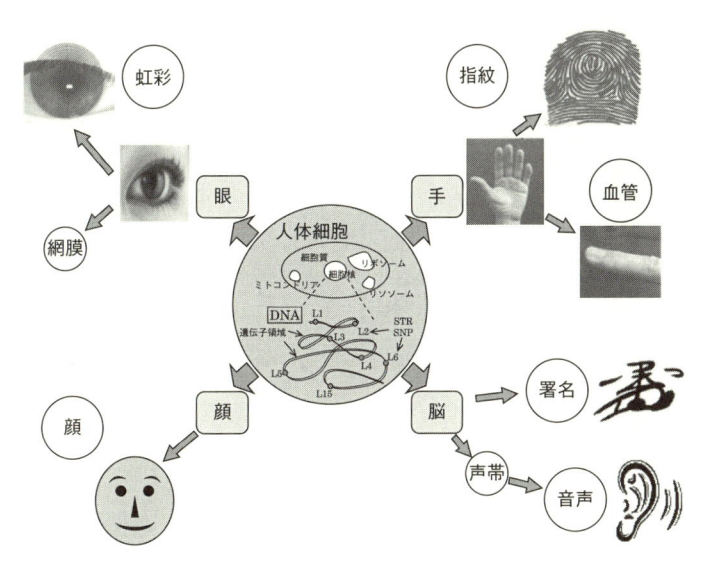

図**3.14** 生体情報の生成の仕組み

指紋や顔は，通常，2～3歳になって終生不変な形となると言われる．この段階になると個人別の膨大な詳細設計情報が一人ひとりの指紋や顔を作り出すが，これはもうDNAの塩基配列が示す人体の基本情報にも書かれていないもので，現代の医学ではその情報がどこにどのような形で存在するか未だ解明されていない．

バイオメトリック認証では，このような個々に異なる指紋や顔を画像パターンとしてとらえ，その画像の中の個人差を含む特徴をとらえて判断する．音声や署名についても音声や手書き文字の個人差を含む特徴をとらえて，一

定の識別アルゴリズムにより比較判定が行われる．言い換えればアナログパターンのマッチングによる判定の方法である．類似判定のスレッショルドを設定し，それをしきい値として本人か他人かの判断を行う．

このように，成長とともに個人差が生じる部分に注目して生体情報を用いた識別と認証を行うわけである．これらを一覧表にして表 **3.3** に示す．

バイオメトリック認証方式は，表 3.3 に示すように指紋，血管，顔，虹彩，

表 3.3 生体情報の特徴

生体情報	認証原理	使用時の特性	認証精度	コスト	主な用途
指紋	指紋画像，指紋特徴点（マニューシャ），スケルトンパターンの個人差	主に接触認証	高	低〜高	入国管理 犯罪者指紋 DB 一般入退場 PC・携帯持主
血管	指先血管や手の平血管のパターンの個人差	非接触認証可能	高	中〜高	日本金融機関 ATM 本人認証 国際的に先行
顔	顔型の輪郭，目鼻の配置個人差 二次元画像 三次元画像	非接触認証可能	中	中〜高	入国管理 画像認識が実用化の段階
虹彩	虹彩の放射状の模様の個人差	非接触認証可能	高	中〜高	入国管理（主に欧州） 入場ゲート マンション
署名	署名時の字体，書き順，署名時系列データの個人差	筆記具などが必要	中	低〜高	クレジットカード 動的なリアルタイム署名
音声	話者の音声特徴の個人差	非接触認証可能	中	低〜高	商用化済み
DNA	細胞核にある DNA の塩基配列の個人差 STR データ SNP データ	口腔を綿棒で擦り粘膜細胞を採取	高	高	特殊用途に製品化 犯罪者 DB を世界中に導入中

署名，音声などが既に実用化され，製品として世に出回っている[15]〜[21]．

この中で指紋による個人識別については，日本では1982年に犯罪捜査における鑑定方式として採用されて以来，長い歴史を経て最も普及した方式となっている．指紋認証技術としては指紋画像，指紋特徴点（マニューシャ），及び指紋スケルトンなどの認証方法があり，様々な用途と要求仕様により最適な方式が適用されている．指紋認証技術は，入国審査の支援ツールとして米国では既に実績を積んでおり，日本でも2006年から法の制定とともにシステムが導入されている．一方，民需では一般の入退場管理をはじめ，自分の携帯電話やパソコンのパスワード代わりに広く使われている[22]．

これに引き続いて，顔及び虹彩認証方式が実用化されている．これら3種のバイオメトリック認証方式は，ICAO（国際民間航空機関）で推奨されている認証技術となっている[23]．

また日本では，一部の金融機関が指先または手の平の血管画像を個人識別の情報として使う方式が普及している．

顔画像や署名はバイオメトリック認証の原点であり，最も原始的な識別・認証技術で有史以来の歴史がある．

顔画像は，従来の写真添付の延長としてディジタル記録方式で記録を行い，更に最新の情報技術を駆使した機械による判別技術が開発実用化中である．古来より身分証明書や免許証に写真が添付されて使われてきたので，最も導入の説明がしやすい方式だと評価されている．今後は，3Dによる立体的な本人認証方式と監視カメラとを組み合わせた強力な1対nの識別・認証のツールとなることが期待される[24]．

虹彩画像は，理論的には指紋方式以上の識別精度を持つとされ製品も数多く出されているが，入国管理と言う高い識別率を要求されるシステムとしては欧州の空港で導入が進められている程度で，指紋ほどの展開はまだ見ない．

音声や署名も原始的な識別方式から始まっているが，現代は相手が見えないネット上のサービスにおけるリアルタイム性を備えた識別・認証方式として新たな注目を集めている．

DNAについては，数時間という長い処理時間が掛かるので，犯罪者データベースのように特殊な利用が行われている状況であるが，今後リアルタイ

ムで処理できるようなブレークスルーができれば，世界人口の規模の識別・認証が一意に可能になる究極の方式として各種の応用が考えられよう．ただし，識別能力が高く人体構造のデータにも関わることから，その取扱いにはプライバシー保護の慎重な議論が必要である[25], [26]．

表3.4 各種バイオメトリック認証方式の現状と課題

生体情報	評価項目		
	安全性・社会性 ・社会的受容性 ・偽造なりすまし例	経済性 ・価格性能比	利便性 ・識別性・唯一性（精度）・使い勝手
指紋	・人工指や貼付物によるなりすまし犯罪あり ・感情的忌避感または社会的受容性に抵抗感あり	・生体情報で最大の実績があり，競争メーカも多いので経済性や価格性能比は各種選択可能	・犯罪捜査からPCや携帯電話の本人認証に採用され使途は大．識別性，唯一性について実績がある
血管	・指の皮膜下の毛細血管（動脈と静脈）を赤外線で読むので，比較的なりすましは困難 ・感情的忌避感は小	・経済性については日本の金融機関で採用され，手の平と指・認証方式の競争の結果経済性についても期待される	・生体情報の入力が比較的容易で利便性は高い．識別性についても指紋同等または以上と説明している
顔	・整形，ぬいぐるみや，写真などによりなりすましが可能 ・抵抗感は少ない	・3D認証やデジカメ技術開発など目下集中的に研究が進む．高機能，経済性ともに期待される	・利便性は良いが精度は現状100分の1程度で，補助的な手段とされるが今後の研究成果は期待大
虹彩	・目の位置に写真を置いて撮影するなどなりすまし犯罪あり．指紋より感情的忌避感は小	・高性能の撮影カメラ付きの端末装置が必要でコスト面の課題がある	・精度については指紋より1桁高い数値がある． ・撮影に手間が掛かる
署名	・クレジットカードなどで伝統的実績はある ・本人署名により印鑑を省略する動向	・筆跡による認証としては最も経済的方式である ・動的な認証は機能的にコストが大	・動的な認証はネット上の識別機能が優れている方式
音声	・加齢や声変わりが基本的課題 ・生の声でなりすましのリスクが大	・署名とともに特別の機材は不要で最も経済的	・声の調子や体調に精度は依存する． ・加齢声変わりの問題
DNA	・ディジタル識別子が得られ暗号化による秘匿になじむ ・親子関係まで分かるというプライバシーの問題	・現状では特殊機器としてのコストを要するが可搬型の製品化とともに価格の低下も期待される	・リアルタイム分析が現在は不可 ・精度及び唯一性はほかより優れ世界人口の識別が可能な精度が得られる

これらを評価したものを表 3.4 にまとめて示す．安全性・社会性と言うのは社会的受容性や，偽造・なりすましに対する安全性などに関することで，経済性と言うのは価格に対して得られる性能に関すること，利便性と言うのは認証精度と使い勝手に関する評価である．

(2) バイオメトリック認証の基本

バイオメトリック認証の原理は，個人識別・認証情報として生体情報を登録しておき，認証時に本人から同じ条件で採取した生体情報と照合することにより本人か他人かの判別を行う．生体情報を使った登録及び認証処理の基本的な流れを図式化すると図 3.15 のようになる．

この処理の流れは指紋や虹彩，顔及び網膜や指先・手の平の血管画像，署名など取り扱う生体情報が異なっても概ね同じである．

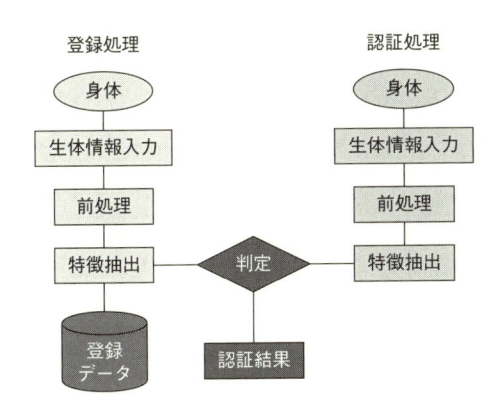

図 3.15 バイオメトリック認証処理の基本フロー

(a) 登録処理

- 生体情報の入力：生体情報を識別・認証システムに取り込む最初の処理であり，指紋や虹彩などの方式により各種のセンサが開発されている．生体識別・認証システムがネットワークを使ったものである場合，センサで読み取った生体情報を伝送するという処理が必要となる．生体情報は典型的なプライバシー情報であり，またセキュリティシステムのキーとなる情報であるため，伝送には一般に暗号化が行われる．
- 特徴点の抽出：センサから送られてきた生体情報をそのままパターン

マッチングにより比較することは識別・認証の原則であるが，多量の画像情報を要し，登録及びそれを比較することは冗長すぎる．そこで元の情報から個人の識別・認証に関与する特徴的な情報を抽出して，登録し比較照合に使用するのが一般的な方法である．この段階では，特徴抽出技術，比較・照合技術がバイオメトリック認証の技術として極めて重要である．
- 蓄積：センサから送られてきた生体情報または，それから抽出された個人に固有の特徴情報をデータベースに蓄積し，識別・認証の際の基準とする処理段階である．この段階では，識別・認証処理の内容に合わせたデータ圧縮技術やセキュリティ技術，あるいは登録情報を固定せず常に変化させながら保持する方式などがある．

（b） 認証処理
- 認証段階での入力：認証段階では，登録処理と同様に入力された生体情報の特徴点を抽出し照合に備える．
- 判定：データベースに蓄積された登録情報との比較は，各社の独自の照合アルゴリズムにより行われ，結果に対して判定を行う．照合アルゴリズム及びなりすまし対策技術や認証失敗時の救済技術など，この段階の技術はバイオメトリック認証システムにおいて最も重要な技術である．

（3） FAR と FRR

一般にバイオメトリック認証では，他人を誤って本人と認証する現象と本人を誤って他人と認証する現象があり，各々測定回数に対する比率で表す[27]．

前者を FAR（False Accept Rate：他人受入率）と言い，後者を FRR（False Reject Rate：本人拒否率）と言う．

各々横軸を類似度，また縦軸を判定度数とすると，一般的に図 **3.16** のように二つの山ができる[18]．理想的には二つの山は重ならず，横軸のある領域で完全に谷の度数が 0 となり，本人と他人の認証が 100％判別できるが，通常のバイオメトリック認証技術では二つの山が図のように重なり，本人でもなければ他人でもない曖昧な領域が残る．

二つの山の交点を判定点または判定しきい値または EER（Equal Error

第3章 本人認証の基本技術

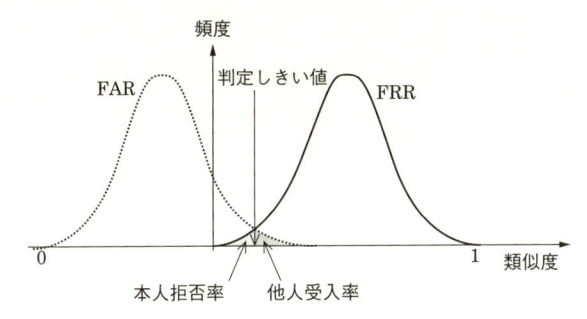

頻度のグラフ（FARとFRRの分布曲線、判定しきい値、本人拒否率、他人受入率）

FAR：False Accept Rate（他人受入率）
FRR：False Reject Rate（本人拒否率）

図 3.16　FAR と FRR

Rate）と言う．

実際には実験手法を用いて値が決められる．判定しきい値以下の類似度は不一致すなわち他人と判別し，それ以上の類似度のときは一致すなわち本人と判別する．

図 3.17 は，理想的な FAR と FRR の関係を実例に基づいて描いたものである．両曲線はほとんどクロスすることなく交わっているが，これは他人受入と本人拒否の区別がきちんと棲み分けされており，図 3.16 におけるグラフの下部の他人受入率の部分を示す面積と本人拒否率の部分を示す面積が非常に小さく，理想的な判別ができることを示している．

一方，図 3.18 のほうは，もっと一般的な装置の特性であるが，FAR と FRR の交点は上のほうで交わっている．当然他人受入率と本人拒否率の部

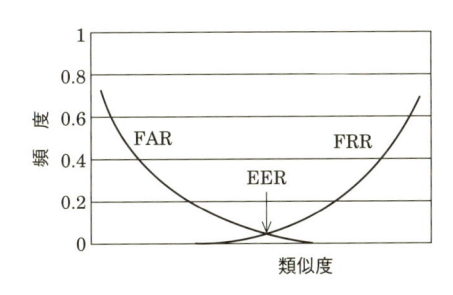

図 3.17　理想的な FAR と FRR

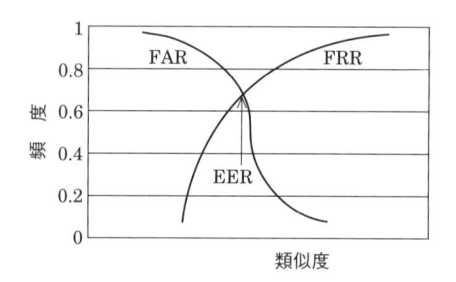

図 3.18　一般的な FAR と FRR

分の面積は大きい状態となりその分，誤差を伴うことになる．

（4） FMR と FNMR

これまで述べた FAR と FRR は，通用するシステムによりオペレーションの条件を加味し，全体の評価を考慮した指標である．例えば，運用性を考慮して複数回の入力のし直しを認めることがある．一方，このように人間が介在するオペレーションの要素を切り離し，装置そのものの機能を評価するために用いる指標が FMR と FNMR である．

FMR は誤合致率（False Match Rate）の意で，照合アルゴリズム及び照合装置が異なる人物による生体情報同士と照合して，一致と判定する割合である．

FNMR は誤非合致率（False Non Match Rate）の意で，照合アルゴリズム及び照合装置が同一人物による生体情報同士の照合判定をして，不一致と認められる割合である．

（5） ROC 曲線

ROC 曲線とは Receiver Operator Characteristics の意であり，FAR または FMR と FRR または FNMR とのトレードオフの特性を機器またはアルゴリズムごとに把握するために描く曲線である．

グラフの原点，すなわち FAR も FRR も限りなく小さくなる点が理想の特性である．誤って他人を受け入れることなく，同時に自分を誤って拒否しない理想マシンとなる．実際は，図 3.19 のように縦軸と横軸で反比例する曲線となる．曲線が X 軸と Y 軸に接近する特性が優れ，右上の曲線になるほどトレードオフが甘くなり識別率が悪くなる．

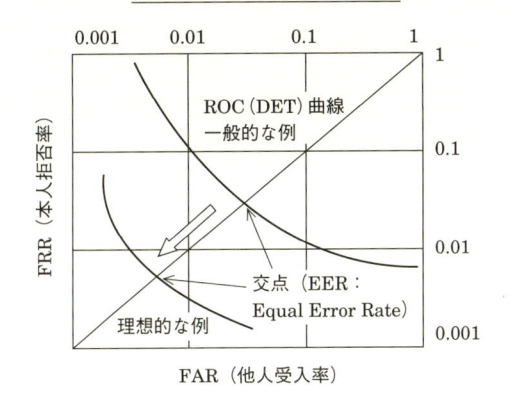

図 3.19 ROC 曲線（DET 曲線）と FAR と FRR のトレードオフ

先に説明した図 3.17 と図 3.18 の例は一般的なバイオメトリック認証の FAR と FRR と理想的なそれの図であったが，この ROC 曲線に描いて両者を比較すればその違いが理解できるであろう．

なお，ISO の決めた国政規格では，検出誤りトレードオフ曲線（Detection Error Trade-off Curve，ISO/IEC 19975-1：2006）または DET 曲線と呼ばれている．

（6） 1 対 n 照合と 1 対 1 照合

1 対 n 照合とは，入力した生体情報を ID を使わず登録されているすべての生体情報と照合し，一致するものを探し出す機能を言う．第 2 章 2.1 節で述べた個人識別の段階に相当する．

これに対して 1 対 1 照合とは，登録されている多数の生体情報の中から「ID などの情報」により照合すべき情報を特定した上で照合を行い，個人を特定する機能である．本章 3.1 節で述べた本人認証の段階に相当する．

このように，生体認証は識別と認証の両面にまたがる機能を発揮することが特徴である．

1 対 n 照合は完了するまでに平均 $(n-1)/2$ 回の照合処理をしなければならないので，実用的には照合時間が掛かりすぎる．

1 対 1 照合では ID を使っておよその位置合せがされているため，特徴点の対を効果的に短時間で探索できるのが普通である．

1 対 n 照合の場合でも，照合すべき登録データの選択の順序をうまく制御

することによって照合回数を減らすことができる．例えば，登録時に相関値が高いデータを優先的に照合するような仕組みを作り，照合の順序を考慮すれば，大幅に処理時間が短縮できる．

3.7 ICカード認証技術

（1） 概　要

ICカードは，カード内に格納されたデータを外部からの攻撃から保護するため，偽造対策や耐タンパ性を実装している．耐タンパ性は，機器や回路の中身が外部から解析しにくくするための防護力で，簡単に解析できないようにソフトウェアを難読化する論理的手段とLSIを解析するために保護層をはがすと内部回路まで壊してしまう物理的手段とがある．また，ICカードはCPUを搭載して，カードとカードリーダとの間で正当性を相互に確認するための機構も内蔵できるため，不正読出しの検知も容易である[28]．

ICカードには接触型と非接触型があるが，使い勝手の良さから最近は非接触型が主流となっている．ICカードの規格分類と主な用途を，図3.20に示す[29],[30]．

コンピュータシステムにログインする場合には，ICカードのメモリに格納された社員IDやパスワード，共通鍵（共通関数）などがトークンとして利用される．

チャレンジレスポンスのような複雑な認証のやり取りは認証サーバとICカード内のCPUとの間で行い，利用者はICカード以外にトークンを持ち歩く必要はない．

また，ICカード内にはバイオメトリック（生体）認証データも格納できるため，バイオメトリック認証とICカードの統合利用が今後活発になると予想される[31]．

最近では，ICカードに代わってUSBを利用するUSBトークン認証も利用されるようになってきたが，これも，媒体がICカードからUSBに変わっただけで，認証の原理は基本的に同じである．

以下に，接触型ICカードと非接触型ICカードの構造と原理について説明する．図3.21に接触型ICカードの基本構成，図3.22に近接型非接触IC

第3章 本人認証の基本技術

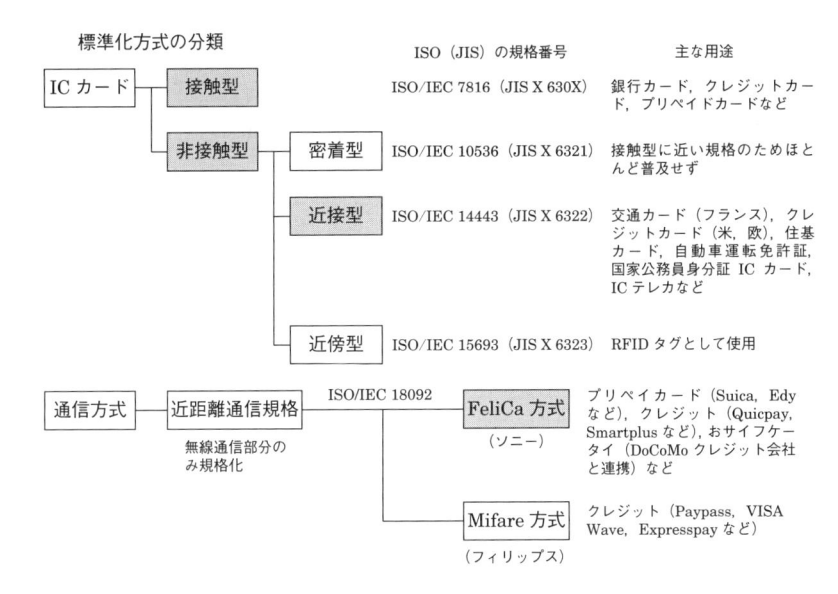

```
標準化方式の分類                ISO（JIS）の規格番号         主な用途

ICカード ─┬─ 接触型        ISO/IEC 7816（JIS X 630X）    銀行カード，クレジットカー
          │                                              ド，プリペイドカードなど
          └─ 非接触型 ─┬─ 密着型  ISO/IEC 10536（JIS X 6321）  接触型に近い規格のためほと
                        │                                      んど普及せず
                        ├─ 近接型  ISO/IEC 14443（JIS X 6322）  交通カード（フランス），クレ
                        │                                      ジットカード（米，欧），住基
                        │                                      カード，自動車運転免許証，
                        │                                      国家公務員身分証 IC カード，
                        │                                      IC テレカなど
                        └─ 近傍型  ISO/IEC 15693（JIS X 6323）  RFID タグとして使用

通信方式 ─── 近距離通信規格   ISO/IEC 18092 ─┬─ FeliCa 方式   プリペイドカード（Suica, Edy
             無線通信部分の                   │   （ソニー）    など），クレジット（Quicpay,
             み規格化                         │                Smartplus など），おサイフケー
                                              │                タイ（DoCoMo クレジット会社
                                              │                と連携）など
                                              └─ Mifare 方式   クレジット（Paypass, VISA
                                                  （フィリップス） Wave, Expresspay など）
```

図 3.20　IC カードの規格分類と主な用途

カードの機能ブロック構成を示す[32]．

接触型 IC カードは，キャッシュカードやクレジットカードのプラスチック製カードの表面上に金メッキされた IC モジュールを取り付けたカードである．その IC モジュールの端子とリーダライタの端子が接触することで電力供給や通信が行われる．IC モジュール端子には，データ I/O，クロック，リセット，電源（V_{CC}），グランドなどがある．

IC チップは，実行プログラムや暗号アルゴリズムを格納する読出専用メモリ（ROM），利用者情報やアプリケーションデータなどを格納する電気的に書換え可能なデータ格納用不揮発性大容量メモリ（EEPROM），RSA 暗号などの公開鍵暗号アルゴリズムを高速に処理するための専用処理装置（コプロセッサ），及びプログラムを実行する処理装置（CPU）とプログラム作業エリアであるデータ処理メモリ（RAM）で構成される．

接触型 IC カードのこれら物理的仕様とコマンドなどの論理的仕様は，ISO/IEC 7816（Part 1 〜 15）の国際標準規格によって必要最小限の標準化が規定されている[33]．

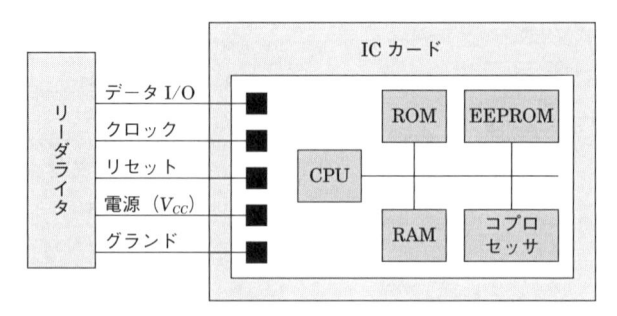

```
ROM：        カード管理，データの I/O，コマンド処理などの
             プログラムを格納
EEPROM：     利用者情報，アプリケーションデータなどを格納
RAM：        通信バッファ，プログラム作業エリア
コプロセッサ：暗号演算専用回路
```

図 3.21　接触型 IC カードの基本構成

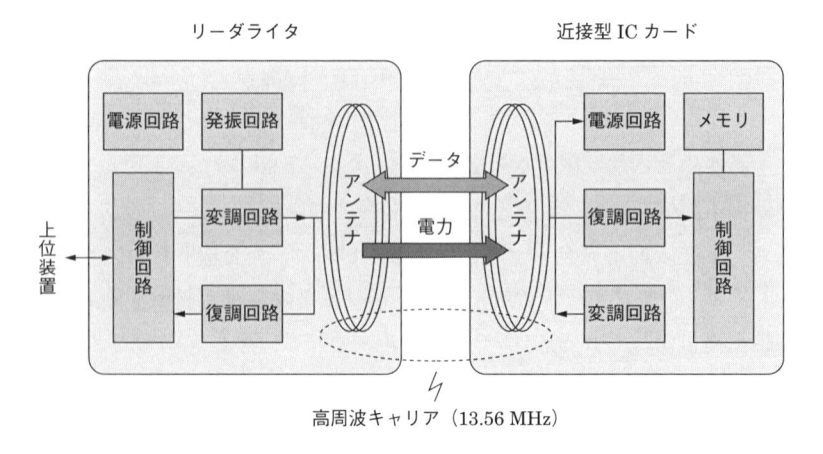

図 3.22　近接型非接触 IC カードの機能ブロック構成

　ISO/IEC 7816 では最小部分しか規格化されていないため，業界やサービスごとにそれぞれ特化した実装仕様が作成されている．金融取引 IC カード仕様では，EMV（EuroPay International, MasterCard International, VisaCard International）仕様と呼ばれる国際クレジットカードの標準仕様がある．国内金融機関で使用する「全銀協 IC キャッシュカード標準仕様」は，この EMV 仕様との互換性を配慮して制定されている．

第3章　本人認証の基本技術

また，接触型ICカードの搭載OSには，専用OSと呼ばれるNative OSとアプリケーションが追加・削除可能なプラットフォーム型OSの2種類のタイプがある．プラットフォーム型OSの仕様には，Javaカード仕様やMULTOS仕様がある[34],[35]．

一方，非接触ICカードは，ICモジュール端子の代わりに無線アンテナを使って電力供給や通信が行われる．アンテナには，プラスチック製カードの平面にグルグル巻いたアンテナコイルが採用されている．

そして，電力の供給は，図3.22に示したように，リーダライタ側のアンテナコイルに流れる高周波電流により発生する磁束による電磁誘導によってICカード側のコイルに同様な高周波電流を発生させることによって行われる．この電流に信号情報を重畳することによりデータの送受信が可能となる．したがって，非接触ICカードでは，これらの電源供給と信号情報の送受信制御のために，発振回路，変調回路，復調回路，電源回路，及び制御回路を装備している[36],[37]．

図3.23に非接触ICカードの分類と特徴を示す[32]．

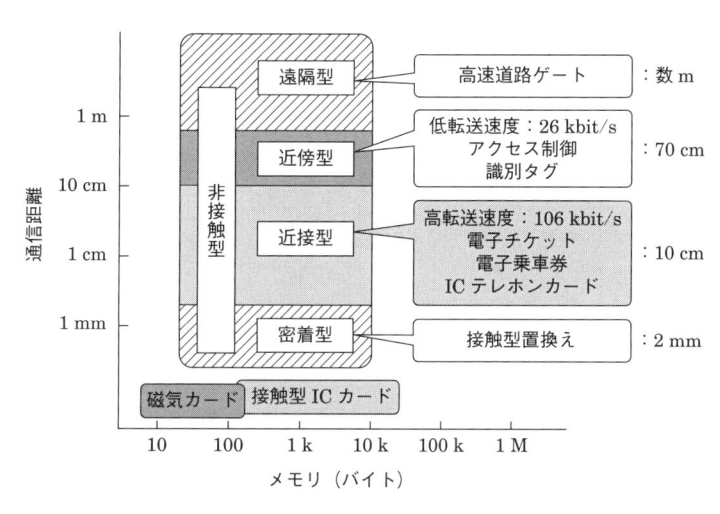

図3.23　非接触ICカードの分類と特徴

リーダライタとカードの交信距離により，ISO/IEC 10536（密着型，～2mm），ISO/IEC 14443（近接型，～10cm），ISO/IEC 15693（近傍型，～70cm）がある．この中で，近接型は，①過酷な環境での使用が可能なこと，②カード所持者の使用が容易なこと，③保守がほとんど不要なことなどから，現在最も普及している．

表3.5 世の中で広く利用されているICカード比較表

	主な用途	ISO/IEC 規格	準拠仕様（業界）	OS	暗号方式
接触型	クレジットカード	（接触型）ISO/IEC 7816	・EMV ・各ブランド標準（VISA，Master）	・Java Card ・MULTOS	・RSA ・T-DES ・DES
	キャッシュカード	（接触型）ISO/IEC 7816	・EMV 仕様 ・JICSAP 2.0 ・全銀協標準	・Java Card ・MULTOS	・RSA ・T-DES ・DES
	UIM カード	（接触型）ISO/IEC 7816	・IMT-2000	・Java Card	・RSA
	ETC カード	（接触型）ISO/IEC 7816	・ETC	・Native OS（ISO/IEC 7816 準拠）	・非公開
	CAS カード	（接触型）ISO/IEC 7816	・ARIB STD-B25	・Native OS（ISO/IEC 7816 準拠）	・DES 相当以上
非接触型	IC テレホンカード	（非接触・近接型）ISO/IEC 14443（タイプ A）		・Native OS（ISO/IEC 7816 準拠）	
	住民基本台帳カード	（非接触・近接型）ISO/IEC 14443（タイプ B）	・JICSAP 2.0	・Native OS（ISO/IEC 7816 準拠）	・RSA ・T-DES
	国家公務員身分証IC カード	（非接触・近接型）ISO/IEC 14443（タイプ B）	・JICSAP 2.0	・Native OS（ISO/IEC 7816 準拠）	・AES ・T-DES ・Camellia
	e パスポート	（非接触・近接型）ISO/IEC 14443（タイプ B）	・ICAO Doc 9303	・Native OS（ISO/IEC 7816 準拠）	・T-DES ・RSA
	IC カード化運転免許証	（非接触・近接型）ISO/IEC 14443（タイプ B）		・Native OS（ISO/IEC 7816 準拠）	・T-DES
	乗車券 Suica／電子マネー（Edy など）	（非接触・近接型）ISO/IEC 18092		・FeliCa OS	・T-DES

表3.5に，主なICカードの一覧を示す[38]．

（2）認証の原理

（a）カード認証 ICカード認証技術でまず重要なことは，提示されたカードが偽造されたものではなく，真正なカードであることを確認することである．

このカードの真正性を認証する手段として，静的データ認証（SDA：Static Data Authentication）と動的データ認証（DDA：Dynamic Data Authentication）の二つが提供されている．

このカード認証機能は，図3.24に示すように，ターミナルが電子署名機能を用いてICカード上の重要データの正当性を検証する一連の処理フローである．

SDA方式の特徴は，ICカードからターミナルに送る固定の認証データ（カード発行時にカード発行者が署名したカードデータ）を検証することである．ここで，カード発行者の公開鍵証明書の有効性検証は，ターミナルが保有している認証局の公開鍵を用いて行う．ただし，SDA方式では，ICカー

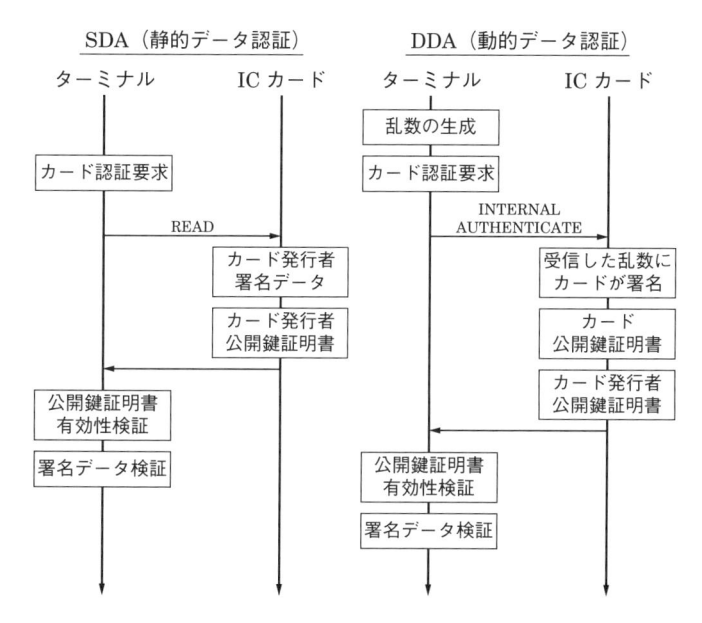

図3.24 カード認証の処理フロー

ドから提示される固定の認証データをターミナルや通信路上で盗取することによって，偽造カード作成が可能となることに注意する必要がある．

一方，DDA方式は，トランザクションが発生した都度，ターミナルで乱数を生成してICカードに送る．ICカードでは，その乱数をカード固有の秘密鍵で演算処理（電子署名）して，その電子署名をターミナル側で検証することによりカード認証することを特徴とする．このようにDDAは，毎回，認証データが異なるので，ターミナルや通信路上でのデータ盗取による偽造カード作成防止が可能となり，SDA方式よりも高セキュリティを実現できる．

このカード認証機能は必須機能ではなく，カード偽造を排除するためのセキュリティオプション機能としてサポートされており，ターミナルあるいはICカードのどちらか一方がこの処理機能をサポートしていなければ，処理されずに次の操作へとスキップされる．

（b）　カード所有者認証　　ICカードの真正性が確認されると，次は，盗難や紛失したカードを使った不正使用を防止するためICカード所有者の認証を行う必要がある．

そのため，カード発行者は，カード発行時にあらかじめICカード所有者の認証方法を指定することができる．認証方法には，オフラインによるPIN（暗証番号）確認，オンラインによるPIN確認，伝票上の実署名，あるいはそれらの組合せなどいくつかのバリエーションが存在する．このバリエーションを指定するために，CVM（Cardholder Verification Method）と言うデータエレメントがICカードに記録されている．

（c）　外部認証　　ターミナルは，ICカードに記憶されているCVMを基にカード発行者（カード会社あるいは取扱銀行）との間で外部認証（オンライン認証）を行う．ICカードの中で外部認証に用いる送信電文として，AC（Application Cryptogram）を作成する．カード発行者とICカードとの間の相互認証にはアプリケーション固有の共通鍵が用いられる．

図3.25に，外部認証の処理フローを示す[39]．

ターミナルは，ICカードとカード発行者の間でやり取りされる暗号化された電文をそのまま仲介することによって，ターミナルでの不正操作を防止している．

図 3.25 外部認証の処理フロー

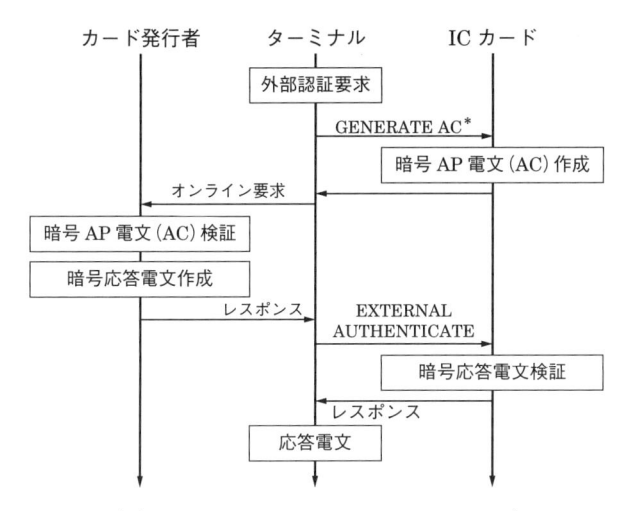

(＊) AC：APPLICATION CRYPTOGRAM の略

外部認証の処理手順は，以下のとおりである．

まず，ターミナルから IC カードに対して外部認証のための要求コマンド（GENERATE APPLICATION CRYPTOGRAM）を発行する．IC カードは，カード発行者が指定した方法（CVM）に基づき AP 電文の暗号化を行い，暗号化された AP 電文をカード発行者に送信する．カード発行者は，暗号の復号時にカード所有者の真正性を確認し，AP 電文の適用可否に関する応答電文を暗号化して返却する．IC カードは，応答電文の真正性を確認後，応答電文の内容をターミナルに渡す．

(3) クレジットカード取引における認証

それでは，実際の認証処理の流れを IC カードによるクレジットカード取引を例にとって考えてみよう．クレジットカードの取引は，IC カードの提示に始まり，カードリーダによるカードデータ読取，売上処理，PIN 入力，処理終了の手順で行われる．その中で，カードデータ読取の際にカード認証が，売上処理あるいは PIN 入力のときに外部認証が実行される[39]．

(a) カード認証（オフライン認証）　図 3.24 で説明したように，IC カードとターミナル間で行われる認証で，SDA 方式と DDA 方式がある．日本国

内で発行されているカードの認証方式は，SDA 方式が主流である．

（b） **外部認証（オンライン認証）**　図 3.25 で説明したように，IC カードとカード会社間で行われる認証で，オンライン認証の要否はカード発行者（カード会社）が IC カードに設定する情報により異なる．

（4）　**銀行カードにおける認証**

もう一つのカード認証方法として，銀行の IC キャッシュカードなどで行われている認証方法を紹介する．日本では，IC キャッシュカードを利用するシステムの業界標準仕様は，「全銀協 IC キャッシュカード標準仕様（第 2 版）」（以下，全銀協仕様．全国銀行協会［2006］）で定められている[40]．

ネットワークを介して実行される金融取引では，正しく取引が実行されていることを確認する手段として，次の三つの認証を行っている．

- **カード所持者認証**：キャッシュカード所持者本人が利用していることを確認すること．
- **カード認証**：利用されたキャッシュカードが真正であることを確認すること．
- **取引データの正当性確認**：取引内容を一意に示すことのできるデータが，カードの存在を前提に生成されたものであることを確認すること．

以下に，その仕組みについて説明する[41],[42]．

（a）　**カード所有者認証**　カード所有者認証は，盗難カードや拾ったカードによる不正使用を排除するため，カード提示者の正統性（本来使用すべき人かどうか）を検証する．すなわち，カード提示者が提示するキャッシュカードから得られるカード所有者識別 ID（口座番号など）とカード提示者が直接提示する入力データが，金融機関に登録されているカード所有者識別 ID に対応付けられた参照データと一致するか確認することで実行される．

認証方法には，入力データによって，カード所有者が記憶する暗証番号（PIN：Personal Identification Number）を利用する PIN 認証，カード所有者の身体的・行動的特徴を利用する生体認証がある．

また，カード所有者認証は，入力データや参照データがどこに格納されているか，認証処理をどこで実行するかによって，次のようにタイプ分類している．

第3章 本人認証の基本技術

金融分野における PIN のオンラインでの取扱いに関する国際標準 ISO 9564-1（ISO［2002］）では，PIN の認証処理を実行するデバイスとして，
① ターミナル
② カード発行機関のホストシステム
③ カード発行機関以外の組織のホストシステム

を想定している．また，参照データの格納先としては，①のケースではカードとカード発行機関のホストシステムが想定され，②，③のケースではカード発行機関のホストシステムが想定されている．

さらに，オフラインでの PIN の取扱いに関する国際標準 ISO 9564-3（ISO［2003］）では，PIN の認証処理と参照データの格納をともに IC カードで行う形態が記述されている．

一方，生体認証については，ISO/IEC 7816-11（ISO and IEC［2004］）において，生体認証処理と参照データの格納を共に IC カードで行うタイプと，参照データを IC カードに格納した上で，ターミナルで認証処理を実行するタイプが記述されている．

これら ISO 9564-1，9564-3，7816-11 で記述されている国際標準に準拠したシステムで実装する場合，カード所有者認証の形態は**表 3.6** のように分類することができる[42]．

日本では，全銀協仕様により，PIN 認証はオンライン認証（タイプ 4）を基本としてオフライン認証（タイプ 1）が，また，生体認証はオフライン認証（タイプ 1 とタイプ 2）がサポートされている．IC キャッシュカードのオフラインデビット機能は仕様上存在しているが，実用化する金融機関と運営する母

表 3.6 カード所有者認証の形態

方式	国際規格	タイプ		認証処理 実行場所	参照データ 格納場所	全銀協仕様
PIN 認証	・ISO 9564-1 ・ISO 9564-3	オフライン認証	1	キャッシュカード	キャッシュカード	○
			2	ターミナル	キャッシュカード	—
		オンライン認証	3	ターミナル	ホストシステム	—
			4	ホストシステム	ホストシステム	◎
生体 認証	・ISO/IEC 7816-11	オフライン認証	1	キャッシュカード	キャッシュカード	○
			2	ターミナル	キャッシュカード	○

体がない状況のため，PINのオフライン認証はほとんどあり得ないと考えられる．

日本で採用されているカード所有者のPIN認証フローを図**3.26**に示す．

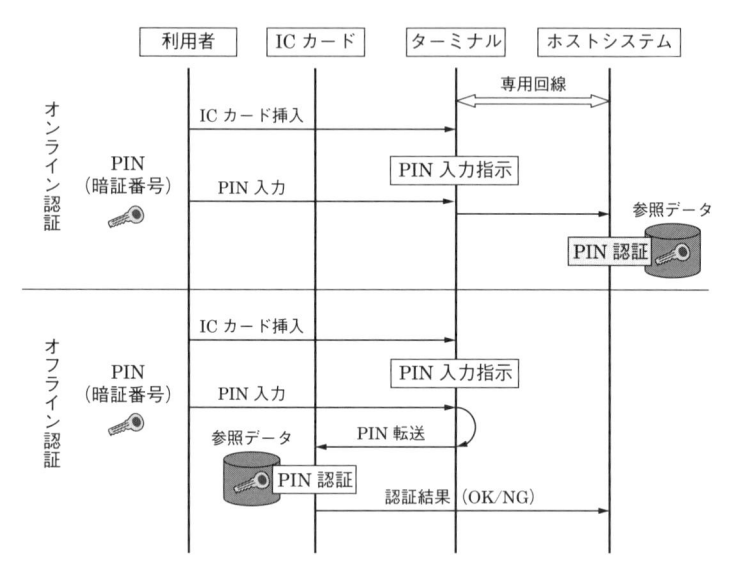

図3.26 カード所有者のPIN認証フロー

（b） カード認証　　キャッシュカードのカード認証は，ICカードを発行した取扱銀行とICカードとの間の認証（外部認証）を通して，共通のシステム認証鍵を保有しているかどうかで判断する．

カード認証は，全銀協仕様に基づきキャッシュカードが提示したデータと，当該データに対応して金融機関に登録されるデータとの対応関係を確認することで実行される．

（c） 取引データの正当性確認　　取引データの正当性を確認する上では，取引がカード所有者によって真正なカードを利用して行われることが前提であり，当該事項の確認は，前述のカード所有者認証とカード認証によって実行される．そのため，取引データには，取引内容を示すデータに加えてカード所有者認証とカード認証の認証結果が含まれている．

3.8 パスワード認証技術

（1） 概　要

コンピュータ社会では，人とコンピュータを結び付ける唯一の手段として利用者ごとに利用者 ID（ユーザ ID とも言う）を発行している．

利用者 ID は，社員番号や電子メールアドレスなど，一般公開している数字や文字列を使用しているのがほとんどであり，利用者を一意に識別できても不正使用による「なりすまし犯罪」を防止することはできない．

パスワード認証は，本人しか知り得ないパスワードを併用することにより，利用者 ID の不正使用を防止しようというもので，世の中で最も普及・利用されている基本的な認証技術である．

本節では，パスワード認証技術の各種方式の原理や特徴について説明する．そして，現在も認証技術の主流であり続ける理由について考えてみたい．

コラム 7　顧客情報漏えいに同僚の ID を利用

2009 年に発生した M 証券の元社員による顧客約 150 万人の個人情報の不正持ち出しと，そのうち約 5 万人分を名簿業者に売却した事件は次のような特徴があり，今後の個人情報の管理と情報の漏えい対策を考える上で重要な事例と考えられます．

- ・顧客に約定した守秘義務に違反した事実だけでなく，お客様情報を扱う者の道徳的違反行為を身内の社員自らが犯したこと．
- ・犯罪の隠蔽のため，同僚の ID を無断で盗用し使用したこと．
- ・漏えい先に情報を選択して提供するなど意図的に不正介入したこと．

本章 3.2 節図 3.7 の属性情報の俯瞰のところで個人識別情報の解説がありますが，上記の金融機関の情報漏えい事件では一次属性情報（個人識別情報）だけでなく，二次属性情報（本人認証情報）まで漏えいの対象になると考えられ，一層大きな問題となります．

参考：@IT HP，"三菱 UFJ 証券の情報漏えい事件，流通先が広範囲に，" http://www.itmedia.co.jp/enterprise/articles/0904/17/news081.html

---

（a）パスワード認証の原理　　パスワード認証の原理は，極めて単純である．認証対象者（A）と認証者／検証者（B）との間で，A のログイン時

にAの識別コード（ID_A）と認証コード（P_A）をBに送ることで行われる．ここで，P_AはBに登録されているAのパスワードである．

Bには，A以外の認証対象者とそのパスワードを管理するデータベースがあり，そこに登録されているデータベースと照合することでAが正規か否かを判断する．

（b） パスワード認証の特徴　　パスワード認証には次のようなメリットがあり，この特徴が普及の最大要因となっている．

・ソフトウェアで低コストに実現できる

・記憶するだけでよく，どこでも使えるので汎用性が高い

一方，デメリットとしては，以下のようなことが挙げられる．

・他人に知られてしまうと，簡単になりすましをされてしまう

・なりすまされても，すぐに気付く手段がない（システムログ記録と分析が必要）

・パスワードを盗む攻撃手段がたくさんある

（c） パスワードに対する攻撃手法　　攻撃者のパスワードに対する攻撃手法を以下に示す．

① 推測攻撃：人間の思考回路に沿って，使われそうなパスワードを試行錯誤しながら試す方法．

・単純な推測：「利用者IDと同じ文字列」や「パスワードなし」を試す

・個人情報に基づいた推測：その利用者の誕生日，家族の名前，電話番号などを試す

② 辞書攻撃：パスワードとして使われていそうな文字列を数多く収録した専用の辞書を用意して，それを試してみる方法．

③ 総当り攻撃：パスワードとして使用できるすべての文字の組合せを試す方法．

④ スニッフィング攻撃：ユーザから認証メカニズムへパスワードが送られる途中で，その内容を盗もうとするトロイ型ウイルス攻撃．

・ショルダーサーフィング：攻撃者が入力（表示）情報を肩越しに覗き込んで，盗み見する方法．

・キーロガー：端末にキーストロークを記録する不正プログラム（ウイ

ルス)をインストールして,パスワードを盗む方法.
 ・中間者攻撃:平文のまま送ってしまう通信路上で盗聴する方法.
  また,暗号化してあったとしても,場合によってはリプライ攻撃が成功してしまうこともある.
⑤ ソーシャルエンジニアリング攻撃:ユーザを直接騙して,パスワードを聞き出す方法.
 ・フィッシング型詐欺(phishing):例えば,銀行などを装って「個人情報を再登録する必要がある」といった文面のメールを送り,本物そっくりの偽サイトにアクセスさせ個人データを入力させる詐欺.
  特に,一般にパスワードは一定期間固定して使われるので,フィッシング詐欺の格好の標的となっている.
⑥ Webアプリケーション脆弱性攻撃:認証側サーバの脆弱性によりウイルス侵入を許してしまうと,そこからパスワードが漏れてしまう.
 ・SQLインジェクション攻撃:アプリケーションのセキュリティの不備を意図的に利用し,アプリケーションが想定しないSQL文を実行させることにより,データベースシステムを不正操作する方法.
 ・クロスサイトスクリプティング攻撃:動的にWebページを生成するアプリケーションのセキュティ上の不備を意図的に利用し,攻撃者が対象となるサイトとは異なるサイトから悪意あるスクリプトを送り込んで訪問者に実行せしめ,セッションハイジャックして機密情報を盗む方法.
⑦ 内部管理者不正:認証サーバ管理者が不正を行う場合には,防ぎようがない.

 (d) パスワード認証のジレンマ 上記に述べたように,パスワード認証には,導入コストが安く使いやすい反面,セキュリティ強度に様々な問題がある.
 パスワード認証は,本人だけが知っているパスワードが第三者に見破られないことを前提とした認証であるが,本質的に次のような弱点が存在する.
 ・桁数が短く推測しやすい数字や文字列ではセキュリティにならない
 ・桁数が長く推測しづらい数字や文字列にすると利用者がパスワードを

忘れてしまう

・知識情報なので，ネットワークを介して第三者に渡りやすい

パスワード認証技術には，大別して，固定パスワード方式，ワンタイムパスワード方式，チャレンジレスポンス方式があるが，このジレンマに対してこれまで様々な工夫や方式が考えられ，実用に供されてきた．

固定パスワード方式では，上記で述べた①～③の攻撃に対する対策は可能だが，④～⑦の攻撃に対する対策まではできない．

一方，ワンタイムパスワード方式やチャレンジレスポンス方式は，④～⑦の攻撃に対する対策として大変効果がある．特に，④～⑦の攻撃に対しては，システム的なセキュリティ対策やセキュリティマネジメント対策と併せて総合的な対策を講じることが重要である．

以下で，各方式の原理と特徴を説明する．

（2） 固定パスワード方式

固定パスワード方式は，同じパスワードを一定期間にわたり繰り返し何度も利用するパスワード（再利用可能パスワード）方式である．この方式の弱点は，攻撃者は時間を掛けてパスワードを解析することができる点で，一度，パスワードが破られてしまうと，それ以降「本人のなりすまし」が可能となってしまうという脅威が存在する．

通常利用されるパスワードは，自分が覚えやすい数字と文字を組み合わせたものを使用するが，生年月日，電話番号などのように第三者に容易に知られてしまうようなパスワードは使用を禁止している．また，単に長いだけ複雑だけの文字列は，破られる心配は少ないものの覚えることができない．利用者に負担なく作成・管理でき，それでいて破られにくいパスワード作成が求められる．そこで，実際のシステムでは，システム側でも防御策を用意してパスワードの安全性を補強している．

例えば，銀行のATMなどで通常用いられている防御方法は，パスワード入力を3回立て続けに間違えた時点で，そのパスワードは無効にする方法を採用している．しかし，これも万全な方法ではなく，3回入力するうちに推測されてしまうようなパスワードに対しては，セキュリティを守ることはできない．

結局，極力安全なパスワードを作ることが肝心であり，次のような方法が考えられる．

- 英数字以外に記号も入れ，パスワード破り用辞書に存在しない文字列にする（記号は最低でも一つ，できれば複数入れることが肝心）
- パスワードを忘れないように自分なりのルールで，文章（フレーズ）からパスワードを生成する

さらに，パスワードの忘却を恐れてパスワードを単純化してしまわないように，「安全」にメモする工夫をするのもよい．

（3） ワンタイムパスワード方式

ワンタイムパスワード方式は，固定パスワード方式のように同じパスワードを一定期間繰り返し使うことによるセキュリティ低下を防ぐ方法として提案された使い捨てパスワード方式である．

ワンタイムパスワードシステムは，アクセスのたびに生成する使い捨てのパスワードにより利用者を認証するシステムで，認証サーバとトークン（利用者が持つパスワード発生器）から構成される．

そして，トークン自体は紛失や盗難によって悪意を持った第三者に使われないように，PINコードなどを入力しないと使えないようになっており，ソフトウェアタイプとハードウェアタイプがある．

- ソフトウェアタイプ：Webブラウザ型，携帯電話対応型
- ハードウェアタイプ：カード型，キーホルダ型，USB型

また，パスワードの発生方式には，大別して時間同期方式とカウンタ同期方式の2種類がある．

（a） 時間同期方式（時刻同期方式とも言う）　本方式は，利用者は「トークン」と呼ばれるパスワード発生器を所持し，ログイン時刻を用いてパスワードを生成する方式である．

トークンの中には高精度なディジタル時計が内蔵されており，認証サーバの内部にある時刻とほぼ一致するよう同期を取っている．また，トークンには「共通鍵（あるいはPINコード）」が内蔵されており，トークンは現時刻と共通鍵（あるいはPINコード）を利用して毎回（通常，1分おきに）異なるパスワードを生成し，液晶の表示板に表示する．

利用者がログインするときは，今表示されているパスワードを素早くキーボード入力して，認証サーバに送付する．認証サーバにはトークンに内蔵されている共通鍵（あるいは PIN コード）と同一の鍵が保存されているので，受信時刻とその鍵を使ってパスワードを生成し，送られてきたパスワードと照合する．一致したら認証成立である．

図 **3.27** に，時間同期方式の処理フローを示す[44]．

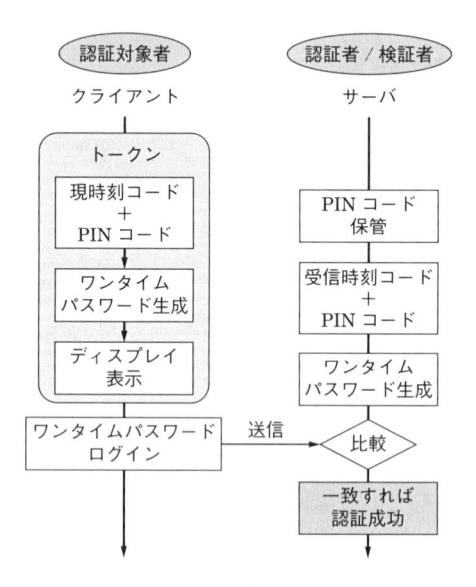

図 **3.27** 時間同期方式の処理フロー

この方式は，時刻と共通鍵で生成したパスワードの寿命を極端に短くすることで不正を防止する狙いがあり，ネットワークには余計な情報が流れないので，カウンタ同期方式よりもセキュリティが高いと言える．しかしながら，時刻を認証要素としているので，サーバとクライアントの間で常に時刻の同期が取れていなければならない．

（**b**）**カウンタ同期方式（S/Key 方式とも言う）** 本方式は，利用者が所有するトークンと認証サーバのそれぞれがカウンタと共通関数を持ち，ログインのたびにカウンタの値を変更しながら共通関数を用いて使い捨てパスワードを生成する方式で，一般に次の手順で認証する．

第3章 本人認証の基本技術　　**75**

　利用者はログイン時に，トークンの手元の共通関数に今回のログイン回数を入力してワンタイムパスワードを生成し，認証サーバに送る．認証サーバは前回までのトークンのログイン回数を保管しているので，認証サーバでも手元の共通関数に今回のログイン回数を入力してパスワードを生成して，送られてきたパスワードと照合する．一致したら認証成立である．本方式は，通常，利用回数や期間を限定して利用される．

　カウンタ同期方式の代表的な処理フローとして，UNIX システムのログオン技術として 1990 年代初めに米ベルコア社が開発し，広く普及されている S/Key 認証方式の例を図 **3.28** に示す[45]．

　ここで，S/Key 認証方式では，パスフレーズ，シード，シーケンス番号の 3 要素が使われている．パスフレーズは，本人のみが知っている秘密情報(PIN

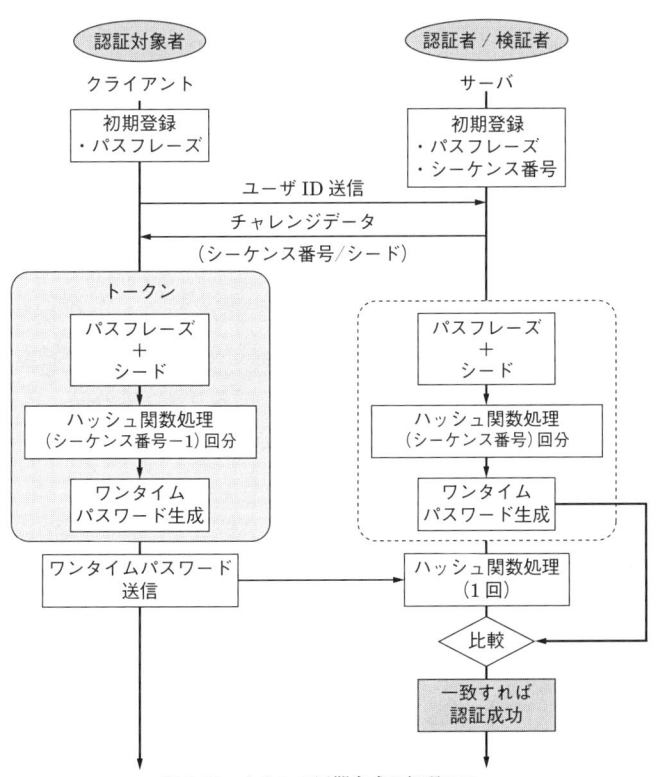

図 **3.28**　カウンタ同期方式の処理フロー

コード），シードは利用者がパスフレーズを再利用する場合や別のコンピュータで同じパスフレーズを使用した場合に，S/Key が同じワンタイムパスワードを生成するのを防ぐためのランダムな値である．すなわち，シードはパスフレーズを変えることなく，生成される使い捨て暗号の系を変更する役割を果たしている．

図 3.28 より分かるように，カウンタ同期方式の基本的な手順は，チャレンジレスポンス認証の方式を応用したものと言える．

シーケンス番号の回数だけ，シードとパスフレーズからハッシュ処理を行い，ワンタイムパスワードを生成する．このとき，クライアント側では（シーケンス番号－1）回だけ演算を行い，最後の 1 回は認証サーバに送られてからサーバ側で行う．

このように，普通のチャレンジレスポンス方式より複雑化しているので，セキュリティ強度が向上している．また，通信ごとにシーケンス番号を減じていき，これが 0 になるとシステムを利用できなくなるため，パスフレーズの再登録が必要となり，強制的にパスフレーズを変更させるという点で優れている．ただし，最初に登録したパスフレーズがローカルノードや利用者から直接漏れるような場合はセキュリティが破綻するので注意が必要である．

（4）チャレンジレスポンス方式

利用者認証に使われる文字列に特殊な処理を施すことにより，通信途中にパスワードなどが盗聴されるのを防ぐ認証方式で，認証サーバ側よりチャレンジコードを送り，利用者側はその値を基にパスワードを生成し，レスポンスを返す方式である．インターネットなど安全でない通信経路を利用して利用者認証せざるを得ないような環境で用いられる．

一般的に，チャレンジレスポンス方式は，認証対象者（クライアント A）と認証者／認証者（サーバ B）が秘密鍵 K を共有しているとすると，A と B のやり取りを次のように表現することができる[46]．

$A \to B : A$　　　　　　　　（識別コード A でログイン）

$A \leftarrow B : 乱数\ r$　　　　　　（乱数 r のチャレンジコードを送付）

$A \to B : C_A = E_k(r)$　　　（乱数 r を秘密鍵 K で暗号化した C_A でレスポンス）

第3章　本人認証の基本技術

　　B：Aから送られてきたC_AとBが自ら生成したC_Bを照合

　　$C_A = C_B$なら，Aを正規と利用者と判断

　まず，認証を受けたいクライアントAがサーバBにログインを行うと，サーバBはそれに対しランダムな数値列（「チャレンジ」と呼ばれる）を返信する．

　クライアントAは，利用者が入力したパスワード（秘密鍵K）とチャレンジを特定のアルゴリズム（ハッシュ関数などの一方向関数など）に従って合成し，「レスポンス」と呼ばれる数値列を作成して，サーバBに送信する．

　サーバBは，クライアントに送信したチャレンジとあらかじめサーバ側に登録されている利用者のパスワード（秘密鍵K）からクライアントと同じ特定のアルゴリズムを使って「レスポンス」を作成する．

　そして，サーバBは，自ら作成したレスポンスとクライアントから送られてきたレスポンスを比較する．レスポンスが一致すれば，パスワードは正しいことになり，認証成功となる．

　実際，チャレンジレスポンス方式はオープン規格の認証機構であるため，様々なベンダの認証方式が製品化されている．例えば，小型電卓のようなトークンと呼ばれるワンタイムパスワード生成器を利用した事例では，次のような利用者認証の手順になる[44]．

　利用者は，利用者IDと固定パスワードを入力してログインする．

　ログイン要求を受け取った認証サーバは，利用者IDごとに保管してある共通鍵を利用して，「チャレンジコード」と呼ばれる乱数を作成して利用者に返却する．

　利用者は，そのチャレンジコードをトークンに打ち込むと，トークンの中の共通鍵で暗号化した数字が液晶画面に表示される．この表示された数字を「レスポンスコード（パスワードに相当）」として認証サーバに送る．認証サーバでも共通鍵でレスポンスコードを生成して，送られてきたレスポンスコードと照合し，一致したら認証成立となる．

　以上述べてきた手順から分かるように，チャレンジレスポンス方式には次のような利点がある．

　　・認証サーバが利用者のトークンと同期を保つ必要がない

・「チャレンジ」及び「レスポンス」が盗難された場合でも，これらは毎回変化する値であるために，ユーザのパスワードを推測するのは困難である
・様々なベンダ製品との相互運用が可能である

3.9 暗号認証技術

前節で述べたパスワード認証技術は，強力な計算パワーを利用すると解読される可能性があるので，強力な計算パワーを利用しても解読できないような強力な認証技術として，暗号アルゴリズムを用いた認証技術が提案されている[46],[47]．

本節では，まず，暗号認証のベースとなる公開鍵暗号方式や電子認証基盤（PKI）について紹介する．次に暗号認証技術として，対称鍵認証（ケルベロス認証），公開鍵認証，3交信プロトコル認証の原理・仕組み・特徴などについて説明する．

（1） 公開鍵暗号方式

図 3.29 に公開鍵暗号方式の仕組みを示す．

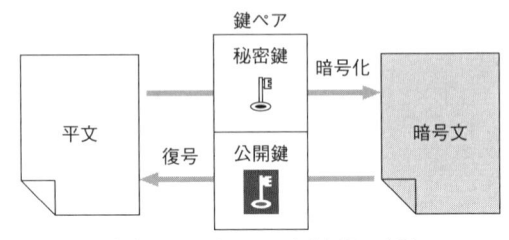

（a） 電子署名による本人認証に適用

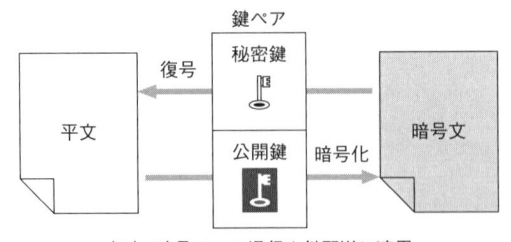

（b） 暗号メール通信や鍵配送に適用

図 3.29 公開鍵暗号方式の仕組み

公開鍵暗号方式は図 3.29 に示すように，秘密鍵と公開鍵と言う二つの鍵がセットとなって暗号化／復号を行う方式である．

秘密鍵は所有者のみが使用し，公開鍵は所有者以外の第三者が使用し，次の三つの特性を利用する．

・公開鍵で暗号化したデータは，秘密鍵のみで解くことができる
・秘密鍵で暗号化したデータは，公開鍵のみで解くことができる
・公開鍵から秘密鍵を求めることは事実上不可能

ここで，公開鍵から秘密鍵を求めることが事実上不可能と言うことは，公開鍵暗号は数学的に解くことが困難な問題に依拠していることを示す．困難と言う意味は，現実的な時間では解くことができないということを意味している．

図 3.29（a）の電子署名への適用例は，文書を自分の秘密鍵で暗号化（署名）して，相手側は署名した人の公開鍵で復号して，暗号化した人を確かめる『認証』としての利用法である．

図 3.29（b）の暗号メール通信の適用例は，送信する相手の公開鍵で送りたい文書や共通暗号鍵を暗号化して送り，受信した相手は自分の秘密鍵で復号して，送られてきた文書や共通暗号鍵を得る『秘匿』としての利用法である．

公開鍵暗号方式には，このように『認証』と『秘匿』の二つの利用法がある．

また，代表的な公開鍵暗号には RSA 暗号と ElGamal 暗号があるが，RSA 暗号は素因数分解の困難さに依拠しているのに対して，ElGamal 暗号は離散対数問題に依拠している．

以下に，RSA 暗号と ElGamal 暗号の仕組みについて簡単に触れるが，本書は暗号技術に関して詳細を説明することを意図していないので，それらについては暗号に関する専門書参照を薦める[47],[48]．

（a） RSA 暗号　　最初の公開鍵暗号は 1977 年に当時 MIT にいた 3 人の研究者 Rivest，Shamir，Adleman によって発明され，3 人の研究者の頭文字をとって RSA 暗号と呼ばれている．RSA 暗号の仕組みは次のとおりである[47]．

[鍵生成]
　二つの大きな素数 p, q を適切に定め，p と q の積，$N = pq$ を求める．

久留島 - オイラーの関数　　　$\phi(N) = (p-1)(q-1)$

を計算する．整数 e を適切に定める．

$$ed \equiv 1 \pmod{\phi(N)}$$

を満たす整数 d を，拡張ユークリッド互除法により求める．

　　　N，e を公開鍵，d を秘密鍵

とする．

[暗号化]

　送信者を B，受信者を A とする．B は A の公開鍵を用いて，送りたい平文 M を，次のように暗号化し，暗号文 C を A に送る．

$$C \equiv M^e \pmod{N}$$

[復号化]

　A は秘密鍵 d を用い，$M \equiv C^d \pmod{N}$ より平文 M を求めることができる．

≪例≫

　　[鍵生成]：$p = 7$，$q = 11$，$N = 77$，$\phi(N) = 60$，$e = 13$，$d = 37$
　　[暗号化]：$M = 3$，$C \equiv 3^{13} \equiv 38 \pmod{77}$
　　[復号化]：$M \equiv 38^{37} \equiv 3 \pmod{77}$

(b)　ElGamal暗号　　ElGamal暗号は1982年に T. ElGamal により提案された．ElGamal暗号の仕組みは次のとおりである[47]．

[鍵生成]

　大きな素数 p，原始元 g，及び有限体の要素 a を定める．

$$y \equiv g^a \pmod{p}$$

を計算し，a を秘密鍵，p，g，y を公開鍵とする．

[暗号化]

　送信者 B，受信者 A とする．B は乱数 r を生成し，次のペア C_1，C_2

$$C_1 \equiv g^r \pmod{p}$$
$$C_2 \equiv My^r \pmod{p}$$

を A に送る．

[復号化]

　A は秘密鍵 a を用いて C_1 をべき乗して y^r を得，これで第二要素を割って，平文 M を求めることができる．

第3章 本人認証の基本技術

$$C_2/C_1^a \equiv M \pmod{p}$$

≪例≫

[鍵生成]：$p = 971$, $g = 815$, $a = 317$, $y = 815^{317} \equiv 719 \pmod{971}$

[暗号化]：$M = 542$, $r = 131$, $C_1 = 815^{131} \equiv 335 \pmod{971}$,

$C_2 = 542 \cdot 719^{131} \equiv 383 \pmod{971}$

[復号化]：$C_1^a = 335^{317} \equiv 952 \pmod{971}$

$M = C_2/C_1^a = 383/952 \equiv 542 \pmod{971}$

（2） 電子認証基盤

電子暗号方式は電子認証や電子署名や暗号通信などで利用され，その際，所有者以外の第三者が公開鍵を所有する．そして，第三者は公開鍵の持ち主がだれであるか，またその公開鍵が有効なものであるかどうかを知らなければならない．

そのため，電子認証基盤（PKI）は，次の二つの大きな役割を担っており，利用者が各自の秘密鍵と公開鍵を持っていることを保証する社会基盤を形成する．

・公開鍵の持ち主がだれかを証明すること
・公開鍵が使用可能であることを保証すること

PKIでは，この公開鍵の持ち主がだれかを証明するために，公開鍵証明書（電子証明書とも言う）を発行する．また，この公開鍵証明書の発行権限が与えられた信頼機関を通常，認証局（CA：Certificate Authority）と称する．

このPKIに極めて類似した制度に，実社会の印鑑証明制度がある．**表3.7** にPKIと印鑑証明制度との類似性を示す．

（a） 公開鍵証明書　公開鍵証明書は，公開鍵の値を所有者（subject）

表3.7　PKIと印鑑証明制度との類似性

	PKI制度	印鑑証明制度
発行媒体	公開鍵証明書（電子データ）	印鑑証明書（印刷物）
証明対象	公開鍵	実印（印影）
発行目的	所有者を証明	所有者を証明
発行者	認証局	市区町村長
発行者署名	電子署名	公印

にバインドするデータ構造となっている．このバインドは，信用のおける認証局が公開鍵証明書に電子署名することで保証している．

公開鍵証明書は，ITU-T X.509 若しくは ISO/IEC 9594-8（1988 年に X.500 ディレクトリ推奨規格の一部として発行された）が標準証明書フォーマットを定義している．この 1988 年の規格で定義された証明書フォーマットはバージョン 1（v1）フォーマットと呼ばれている．その後，1993 年に二つのフィールドが追加され，バージョン 2（v2）フォーマットに改訂となった．さらに，ISO/IEC，ITU-T 及び ANSI X9 は新しい要求事項に対処するためエクステンションフィールドに関する条項を追加した X.509 バージョン 3（v3）証明書フォーマットを，1996 年 6 月に規格化した．

しかしながら，この ISO/IEC，ITU-T 及び ANSI X9 標準エクステンションは適用範囲が非常に広いため，相互運用を可能とするためにインターネットに合わせてカスタマイズした X.509 v3 エクステンションの使用方針が規定されている．

図 **3.30** に X.509 公開鍵証明書の構造を示す[49]．

（b） 認証局の役割

認証局には，次の役割が要求される．
① 公開鍵登録申請時の本人確認
② 公開鍵の登録受付から証明書の発行／更新／取消までのライフサイクル管理
③ 通信相手の公開鍵証明書を検証するためのディレクトリサービス

特に，認証局はシステム全体の信頼の起点（trust point）であるため，安全性と信頼性を保証するため厳しい要件が課せられている．それらは，認証局運用規定（CPS：Certification Practice Statement）で明示的な提示が求められている．この CPS に記載される項目例を以下に示す．

① Technology
・RSA 公開鍵暗号方式による電子署名の採用
・Long-term security の保証された鍵長（1,024 ビット以上）での高い安全性
・電子証明書フォーマットの X.509 v3 国際標準準拠

第3章　本人認証の基本技術

証明書（Certificate）

署名前証明書（tbs Certificate）	
バージョン番号 (Version)	X.509公開鍵証明書形式の バージョン番号
シリアル番号 (Serial Number)	公開鍵証明書ごとにつけられ た一意に識別される番号
署名アルゴリズム (Signature)	公開鍵証明書への署名アルゴ リズムの識別子
発行者 (Issuer)	公開鍵証明書の発行者の名前 (DN)
有効期限 (Validity)	公開鍵証明書の有効期間
所有者 (Subject)	公開鍵証明書の所有者の名前 (DN)
所有者公開鍵情報 (Subject Public Key Info)	所有者の公開鍵とそのアルゴ リズムの識別子
発行者識別子 (Issuer Unique Identifier)	発行者を一意に識別する識別 子
所有者識別子 (Subject Unique Identifier)	所有者を一意に識別する識別 子
拡張領域 (Extensions)	公開鍵証明書の用途の範囲や 使用方法などに関する付加情 報のための領域

| 発行者の署名アルゴリズム（Signature Algorithm） |
| 発行者の署名値（Signature Value） |

参考："PKIハンドブック，"ソフトリサーチセンター，2000.

図 **3.30** X.509公開鍵証明書の構造

② Infrastructure
・災害，故障，過失，故意に対する高い安全性の運用設備
・グローバルでの信用階層構造の実現
・規模に応じたスケーラビリティ確保，ノンストップ運用

③ Practices
・運用ポリシー（公開鍵証明書のライフサイクル管理など）
・賠償保険，明確な責任規定

（**c**）**認証局のシステム構成**　　創生期の認証局はサービス機能が単純であったため，一つの装置設備内にすべての機能を集中する方式だったが，今日の認証局は，サービス機能の高度化と利用領域の拡大に伴い，登録者の個

人情報の本人確認を行うフロントエンド作業と，本人確認以降の証明書の発行処理を行う定型業務のバックエンド作業とを分離独立する方式となっている．また，フロントエンド作業は，利用者側の組織部門に置く「オンサイト型認証局」が主流となっている．

このオンサイト型認証局の場合，通常，フロントエンド作業を行う機能組織を登録局（RA：Registration Authority），バックエンド作業を行う機能組織を発行局（IA：Issuing Authority）と呼んでいる．

また，この発行局（IA）を認証局（CA）と呼ぶ場合もある．

ここで重要なことは，RAにおける本人確認の審査レベルが，このサービスを利用する人たち（relying party）の信頼レベルに密接に関係することである．

図 3.31 に認証局のシステム構成を示す[51]．

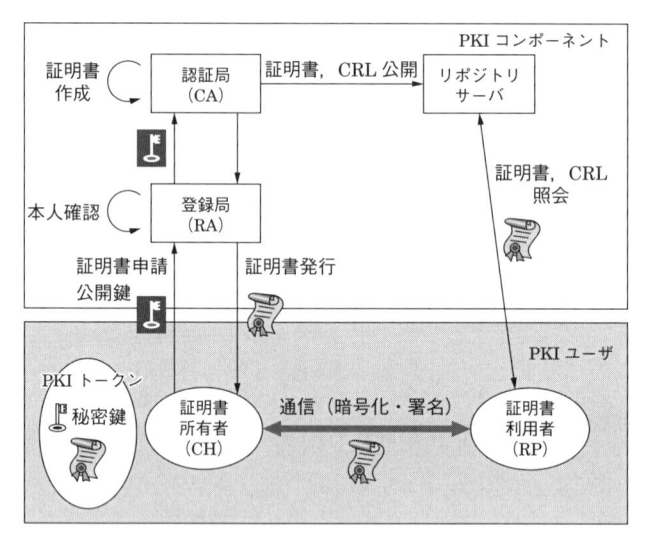

参考："PKI関連技術解説," IPA, 2002.

図 3.31　認証局のシステム構成

（d）認証局のリポジトリ機能　認証局の基本機能には，公開鍵登録申請時の本人確認，公開鍵の登録受付から証明書の発行／更新／取消までのライフサイクル管理があるが，更にもう一つ重要な機能として，通信相手の公

開鍵証明書の有効性を検証するためのディレクトリサーバがある．これは，図 3.31 に示したように認証局のリポジトリサービスで実行する．

① 認証局側：発行された証明書は，利用者からいつでも参照できるようにリポジトリサーバに格納し利用者に公開している．また，有効期間内でも，秘密鍵漏えいや証明書記載内容変更などの理由で証明書の信頼性が保たれなくなり失効した証明書も，失効証明書リスト（CRL：Certificate Revocation List）としてリポジトリサーバに格納し利用者に公開している．

② 利用者側：利用者は，認証局から公開されているリポジトリサーバなどからサービスで利用したい公開証明書を取得することができる．また，通信相手などから送られてきた公開鍵証明書が信頼できるものかどうか有効性を確認するために CRL を使って検証する．

（e）**認証局の信頼モデル**　CA 構成には，ルート CA（頂点の CA）を信頼の起点にしピラミッド構造に上下に CA を配置した階層型モデルや，図 **3.32** のようなメッシュモデルがある．メッシュモデルでは，接続する CA の数が増えると相互認証の数も膨大になり，認証パスに時間が掛かるため，実際の認証局連携では，相互認証の中継点にブリッジ CA（BCA：Bridge CA）を設けることで認証パスの数を減らした BCA モデルの構成が利用されている．

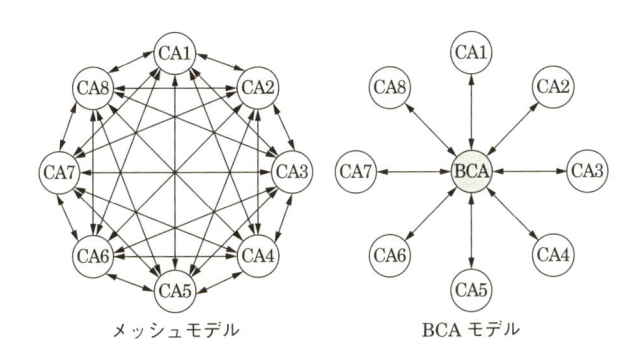

出典："PKI 関連技術解説，" IPA，2002．

図 **3.32**　メッシュモデルと BCA モデル

それでは，複数の認証局が連携する構成において，どのようにして認証パスを確立するかについて図 **3.33** を用いて説明する[51].

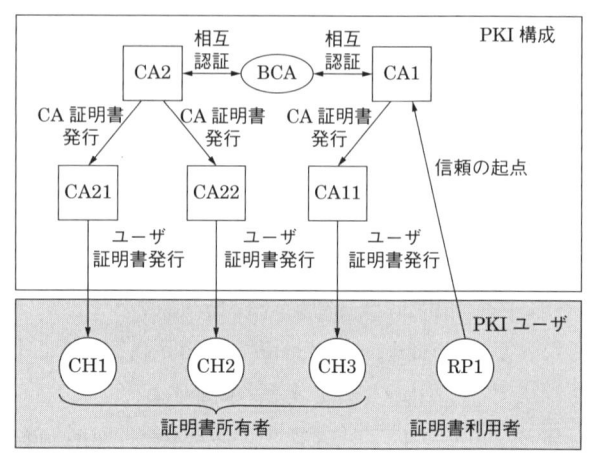

```
                    相互        相互            PKI 構成
                    認証        認証
         ┌─CA2─┬───BCA───┬─CA1─┐
         │     │         │     │
      CA証明書 CA証明書  CA証明書
        発行    発行      発行   信頼の起点
         ↓     ↓         ↓     │
       ┌CA21┐ ┌CA22┐   ┌CA11┐  │
        │     │         │      │
       ユーザ ユーザ   ユーザ
      証明書発行 証明書発行 証明書発行
         ↓     ↓         ↓                PKI ユーザ
        CH1   CH2       CH3      RP1
        └──証明書所有者──┘    証明書利用者
```

参考："PKI 関連技術解説," IPA, 2002.

図 **3.33** 証明書の認証パス

図 3.33 において，CA1 を信頼する証明書利用者 RP1 が，証明書所有者 CH1 の証明書を検証する場合について考えてみよう．

RP1 は自分が信頼する認証局 CA1 から，次のような認証パスをたどって CH1 の証明書を発行した認証局に到達することができる．

　　　認証パス：CA1 → BCA → CA2 → CA21 → CH1

このように，認証パスが確立できると CH1 の証明書が検証可能となるが，仮に BCA がない場合だと，CA1 から CA21 へたどるパスはできないので，CH1 の証明書を検証することが不可能となる．以下で，詳しく説明する．

証明書の検証を行う際の認証パスの構築・検証プロセスを，図 **3.34** に示す[51].

① CA 同士が相互に連携することは，CA が相手の CA を信頼していることを意味し，相手の CA に証明書を発行することにより行われる．
② 利用者は相手が同じ CA に登録しているかどうか分からないので，相手の証明書を利用する前に証明書の有効性検証を次の手順で実行する．

第3章 本人認証の基本技術　　**87**

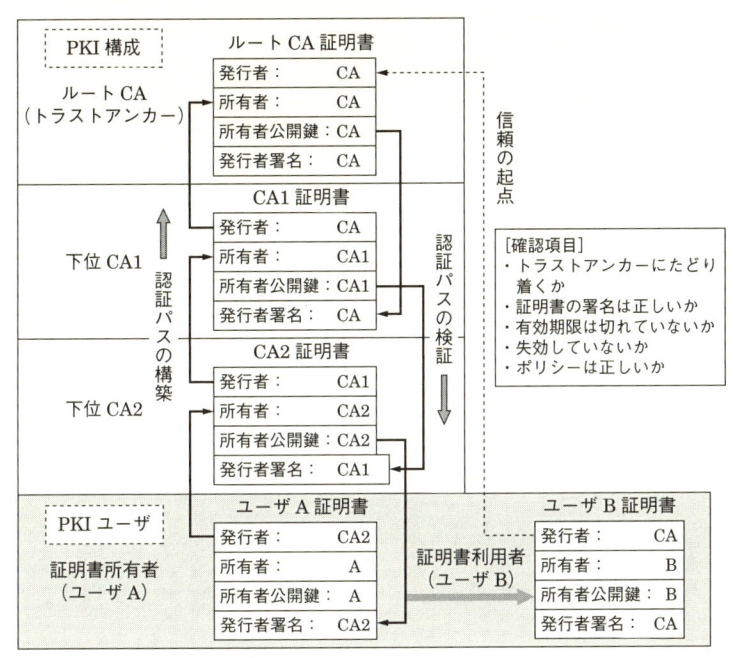

```
┌─────────────────────────────────────────────┐
│ PKI 構成    ルート CA 証明書                  │
│             ┌──────────────────┐             │
│  ルート CA  │ 発行者　　：　CA │             │
│ (トラスト   │ 所有者　　：　CA │  信         │
│  アンカー)  │ 所有者公開鍵：CA │  頼         │
│             │ 発行者署名：　CA │  の         │
│             └──────────────────┘  起         │
│             CA1 証明書              点       │
│             ┌──────────────────┐             │
│  下位 CA1   │ 発行者　　：　CA │  認         │
│             │ 所有者　　：　CA1│  証         │
│    認証     │ 所有者公開鍵：CA1│  パ         │
│    パス     │ 発行者署名：　CA │  ス         │
│    の       └──────────────────┘  の   ┌──────────────┐
│    構       CA2 証明書              検  │[確認項目]    │
│    築       ┌──────────────────┐   証 │・トラストアン│
│  下位 CA2   │ 発行者　　：　CA1│      │  カーにたどり│
│             │ 所有者　　：　CA2│      │  着くか      │
│             │ 所有者公開鍵：CA2│      │・証明書の署名│
│             │ 発行者署名：　CA1│      │  は正しいか  │
│             └──────────────────┘      │・有効期限は切│
│             ユーザ A 証明書         ユ   │  れていないか│
│             ┌──────────────────┐  ー  │・失効していな│
│  PKI ユーザ │ 発行者　　：　CA2│  ザ  │  いか        │
│             │ 所有者　　：　A  │  B   │・ポリシーは正│
│ 証明書所有者│ 所有者公開鍵：A  │      │  しいか      │
│ (ユーザ A)  │ 発行者署名：　CA2│      └──────────────┘
│             └──────────────────┘             │
│             ユーザ B 証明書                  │
│             ┌──────────────────┐             │
│             │ 発行者　　：　CA │             │
│             │ 所有者　　：　B  │             │
│             │ 所有者公開鍵：B  │             │
│             │ 発行者署名：　CA │             │
│             └──────────────────┘             │
└─────────────────────────────────────────────┘
```

参考："PKI 関連技術解説," IPA, 2002.

図 **3.34**　認証パスの構築と検証

・トラストアンカーにたどり着くか？
　　「認証パスの構築（ユーザ A → CA2 → CA1 → CA）」
・証明書の署名は正しいか？
　　「認証パスの検証（CA → CA1 → CA2 → ユーザ A）」

③　複数の CA が信頼関係で結ばれているとき，無条件に相手 CA を信頼するのではなく，条件を限定して信頼したい場合には，相手の CA に発行する証明書（CA 証明書）に証明書ポリシー（CP）制限を記載して実現する．

(f)　電子署名による認証メカニズム　　電子署名を用いた認証は，図 **3.35** に示すように行う．

【送信者】

①　メッセージ本文をハッシュ関数で正規化してメッセージダイジェスト（MD）を作成する．

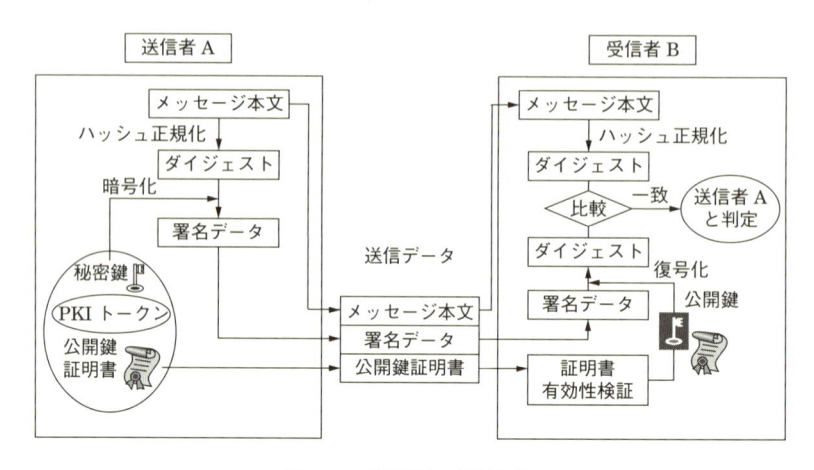

図 3.35 電子署名の検証方法

② 送信者の秘密鍵で，そのMDを暗号化して電子署名を生成する．
③ メッセージ本文と電子署名に，更に署名検証のための公開鍵証明書を添付して送信する．

【受信者】
① 受信者は，公開鍵証明書の有効性検証を行った後，証明書に記載されている公開鍵を用いて電子署名を復号してMDを作成する．
② 送付されてきたメッセージ本文をハッシュ関数で正規化してMDを作成し，電子署名を復号したMDと比較して一致（改ざんされていないこと）を検証（署名検証）する．

(3) 暗号認証

(a) 対称鍵認証（ケルベロス認証）　　ケルベロス認証は，対称鍵暗号を利用して通信相手を相互認証する仕組みである．

図 3.36 に，ケルベロス認証の処理フローを示す[45]．

ケルベロス認証では，通信相手である利用者（A）とサービス事業者（B）以外に，利用者とサービス事業者の信頼の起点（拠り所）として第三者認証機関の KDC（Key Distribution Center）が存在する．

事前に，利用者（A）とサービス事業者（B）は，自分自身しか知り得ない秘密のマスタ鍵（対称鍵 K_A, K_B）を登録する．そして，利用者はサービス

第3章 本人認証の基本技術

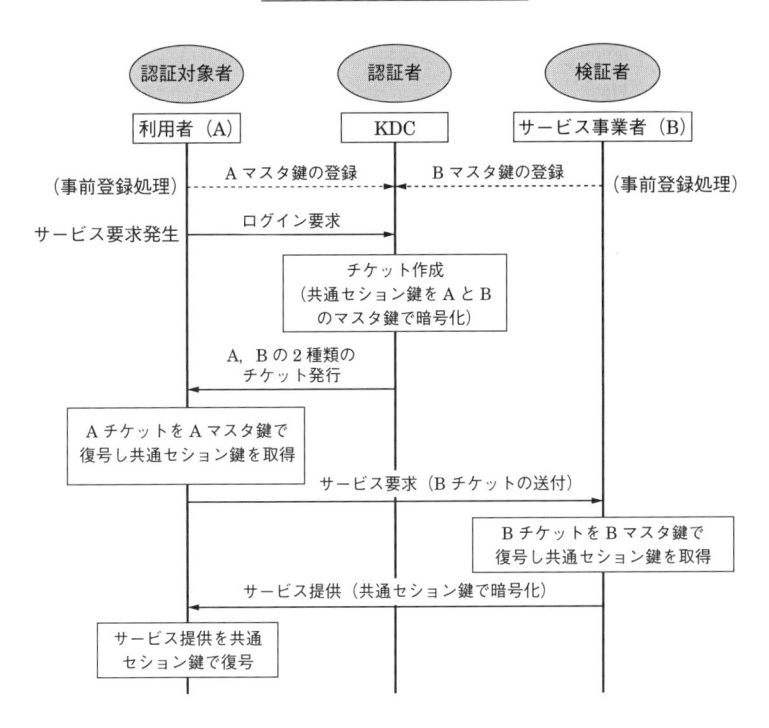

```
認証対象者              認証者              検証者
利用者（A）              KDC           サービス事業者（B）
    │   Aマスタ鍵の登録  │  Bマスタ鍵の登録  │
(事前登録処理)─────→│←─────(事前登録処理)
サービス要求発生   ログイン要求  │                    │
    ├──────────→│                    │
                        │  チケット作成       │
                        │（共通セション鍵をAとB│
                        │ のマスタ鍵で暗号化） │
                        │  A, Bの2種類の     │
                        │  チケット発行       │
    │←──────────┤                    │
┌──────────┐                              │
│Aチケットを Aマスタ鍵で│                        │
│復号し共通セション鍵を取得│                    │
└──────────┘                              │
    │   サービス要求（Bチケットの送付）       │
    ├──────────────────→│
                                    ┌──────────┐
                                    │Bチケットを Bマスタ鍵で│
                                    │復号し共通セション鍵を取得│
                                    └──────────┘
    │   サービス提供（共通セション鍵で暗号化）│
    │←──────────────────┤
┌──────────┐
│サービス提供を共通   │
│セション鍵で復号    │
└──────────┘
```

図 **3.36** ケルベロス認証の処理フロー

要求が発生すると，まずKDCにログインして，KDCから2種類のチケットを発行してもらう．このチケットは，ランダムに生成された共通セション鍵 K_C を利用者とサービス事業者のそれぞれのマスタ鍵で暗号化した利用者用チケットAとサービス事業者用チケットBである．

利用者は，自分のマスタ鍵 K_A でチケットAを復号化して共通セション鍵 K_C を取得する．次に，サービス事業者にチケットBを添付したサービス要求を送付する．サービス事業者は，自分のマスタ鍵 K_B でチケットBを復号化して共通セション鍵 K_C を取得する．

このように利用者とサービス事業者は，両者のみしか知らない共通セション鍵 K_C を提示することでお互いを認証することができる．

（b） 公開鍵認証　　公開鍵認証は，公開鍵暗号を利用して通信相手を相互認証する仕組みである．

公開鍵暗号は，秘密鍵と公開鍵の1対の鍵がペアとなって暗号化・復号化

の機能を果たす暗号方式で，秘密鍵は自分だけが所持して他人には知られない秘密の鍵，公開鍵は他人に公開する鍵である．秘密鍵で暗号化して公開鍵で復号化することも，公開鍵で暗号化して秘密鍵で復号化することもできる．前者は電子署名などで利用され，後者は暗号電子メールなどで利用される．

　秘密鍵と公開鍵を生成する公開鍵暗号アルゴリズムは，本書の意図するところではないのでほかの参考図書に委ね，ここでは本人認証の仕組みについて解説する．

　公開鍵暗号を用いた本人認証は，鍵ペアのうちの秘密鍵を必ず本人が持つということを前提に，通信相手が鍵ペアのもう一つの公開鍵を使って，本当に自分の通信したかった相手かどうかを確かめることで成り立つ認証方式である．

　この認証が成立するためには，通信相手が確認手段として使う公開鍵は信頼できる第三者（TTP：Trusted Third Party）によって保証されなければならない．すなわち，利用者が秘密鍵を所有していることを保証するため，その秘密鍵の鍵ペアである公開鍵に対してTTPである認証機関（CA）は，CA自身の秘密鍵で電子署名した公開鍵証明書を発行することにより保証する．図 **3.37** に，公開鍵認証の処理フローを示す．

　CA は，利用者から公開鍵の登録申請を受けると，その公開鍵が本人のものであることを審査した後，利用者に公開鍵証明書を発行する．

　利用者は，サービス事業者に対するサービス要求が発生すると，サービス要求メッセージをハッシュ関数でハッシュ化したハッシュ値に利用者の秘密鍵で電子署名を行った後，送信メッセージに生成した電子署名データと公開鍵証明書を添付して，サービス事業者に送信する．

　サービス事業者は，CA 自身の公開鍵を用いて公開鍵証明書の電子署名を復号して信頼する CA が発行した証明書であることを検証するとともに，送られてきた公開鍵証明書の有効性確認を CA に問合せして，公開鍵証明書が失効されていないことを確認する．

　利用者の公開鍵証明書の有効性が確認されると，公開鍵証明書にある利用者の公開鍵で受信した電子署名データを復号化し，送信メッセージをハッシュ関数でハッシュ化しそのハッシュ値と一致するか照合確認する．

第3章 本人認証の基本技術

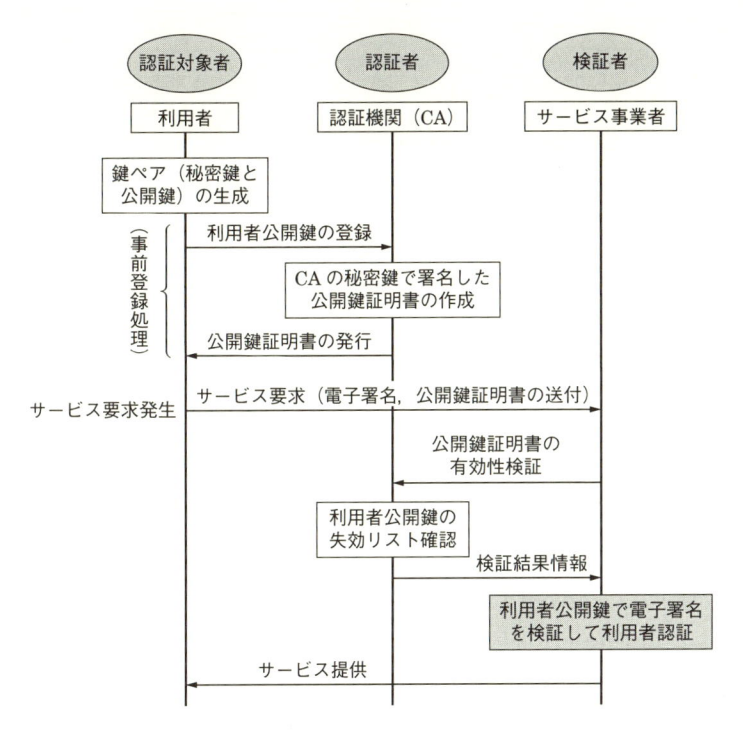

図 3.37 公開鍵認証の処理フロー

　一致すれば，信頼できる CA に登録され公開鍵証明書に記載された利用者であると認証して，サービス事業者は利用者にサービスを提供する．

　（c） 3交信プロトコル認証　3交信プロトコル認証は，証明者（P）とその相手の検証者（V）の間で，証明者（P）が持っているある知識（秘密情報 s）を1ビットも漏らすことなく，検証者（V）にその秘密情報 s を証明者（P）が持っていることを納得させることができるという零知識対話証明の考えを利用して，対話回数3回で相手を認証する効率性に優れ安全が保証された相手認証方式である．

　しかし，零知識対話証明は対話回数が4回以上を指すので，3交信プロトコル認証は，通常，零知識対話証明とは言っていない．

　図 **3.38** に，3交信プロトコル認証の基本モデルを示す[47]．

　3交信プロトコル認証は，これまでに次のような方式が提案されており，

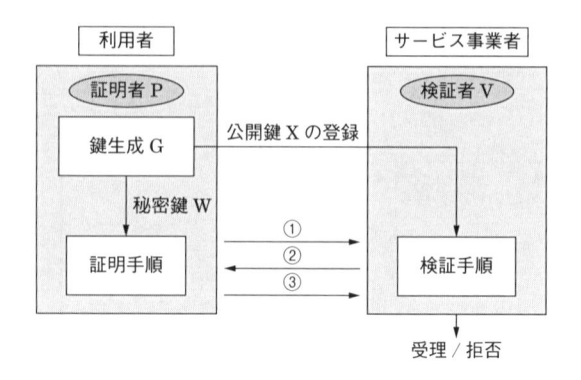

図 3.38 交信プロトコル認証の基本モデル

かつ実用化も行われている．

・素因数分解の困難性と同等に安全である Feige-Fiat-Shamir 法
・高次 Fiat-Shamir 法
・離散対数問題の困難性と同等に安全な認証法

Feige-Fiat-Shamir 法は，鍵サイズが非常に大きくなるという欠点があるので，その問題を解決する方法として，高次の剰余演算を使う方法が考えられている．

以下に，高次 Fiat-Shamir 法を用いた 3 交信プロトコル認証について説明する[47]．

【鍵生成 G】

まず，利用者 P は二つの素数 p, q を生成して，合成数 $n (= p \times q)$ を計算し，L を選ぶ．さらに，$s \in {}_uZ_n$ を選び，$v = s^L \bmod n$ を計算する．ここで，$|L| = O(|n|)$

　　　秘密鍵 X：p, q, s
　　　公開鍵 W：n, L, v

【3 交信プロトコル】

　　ステップ①：利用者（証明者）P は乱数 r を生成して，$x = r^L \bmod n$ を計算して，検証者 V に送信する．
　　ステップ②：検証者 V は乱数 $e \in {}_uZ_L$ を生成して利用者に送信する．
　　ステップ③：利用者は $y = rs^e \bmod n$ を計算して検証者に送信する．

ステップ④：検証者は $y^L \equiv x \cdot v^e \pmod{n}$ が成り立つことを検査する．

3.10 属性認証技術

（1）概　要

システムにアクセスするとき，アクセスした利用者が何者なのか，その本人性を確認することに加えて，その利用者が持つ権限について把握した上でアクセスの可否を決定したい場合がある．その場合，個の存在を正しく確認する「存在認証」と個に付随する職責，資格，地位，権限，住所，年齢などの属性データを確認する「属性認証」を組み合わせることによって，きめ細かなアクセス制御の実行が可能となり，利用サービスを格段に広げることができる．

表 **3.8** に，属性認証を適用する技法とその特徴を示す[52]．

表 **3.8** 属性認証の適用技法とその特徴

適用技法	概　要	特　徴
属性証明書（AC）を用いる技法	公開鍵証明書（PKC）の保有者に，保有者ごとの属性を記載した属性証明書を発行する．検証は，まず公開鍵証明書の有効性を検証することで保有者を識別し，続いて，検証したい属性が記載された属性証明書の有効性を検証することで行われる	・属性の有効期間を明示的に設定しやすい ・公開鍵認証基盤のほかに，更にもう一つ属性認証基盤が必要となり，設備・運用の費用が掛かる ・End-to-End モデルのサービス構築に適する
公開鍵証明書を用いる技法	①　発行主体を限定して，発行主体の保有する属性を公開鍵証明書それ自体に暗示する方法（資格認証局などが該当） ②　公開鍵証明書の拡張領域に属性を記載する方法	・属性が頻繁に更新されるような利用環境では，公開鍵の再発行が頻繁に発生し，証明書失効リストが膨大となり検証時のオーバヘッドが大きい ・End-to-End モデルのサービス構築に適する
属性認証サーバを用いる方法	属性認証サーバが属性データベースを用いて属性を認証する．属性認証サーバは，公開鍵証明書などを利用して，利用者を識別する	・複数の属性を集中管理しやすい ・サーバがクライアントの属性を検証するモデルのサービス構築に適する

（2）属性証明書を用いる技法

属性証明書のフォーマットは，ITU-T Recommendation X.509（08/97）で初めて規定され，X.509（03/00）でより詳細に再定義された．

インターネット分野で用いられる属性認証では，図 **3.39** のように IETF

属性証明書（AC：Attribute Certificate）

属性証明書情報	
バージョン番号 (Version)	v2 ＊X509（2000年版）のv2推奨
所有者証明書ID (Holder)	公開鍵証明書のシリアル番号＆ 主体者名
発行者 (Issuer)	属性証明書発行機関名 (AA：Attribute Authority)
署名 (Signature)	発行者の署名方式 （アルゴリズムID）
シリアル番号 (Serial Number)	属性証明書のシリアル番号
有効期間 (Revoked Certificates)	属性鍵証明書の有効期間 （開始日時，終了日時）
属性情報 (Attribute)	下記の属性タイプを複数列挙 ・利用者識別 　（ID/パスワードなど） ・課金先識別 ・利用者の属するグループ ・役職や権限 ・クリアランス 　（セキュリティ区分）
発行者のユニークID (Issuer Unique Identifier)	発行者を一意に識別する識別子 （オプション：未使用）
拡張領域 (Extensions)	オプション
発行者の署名アルゴリズム（Signature Algorithm）	
発行者の署名値（Signature Value）	

参考："PKIハンドブック，"ソフトリサーチセンター，2000．

図 **3.39** RFC3281 に基づく属性証明書（AC）

規格の RFC 3281（http://www.ietf.org/rfc/rfc3281.txt）に基づく属性証明書（AC：Attribute Certificate）が利用されている[49]．

RFC 3281 をベースとする属性認証局（AA：Attribute Authority）の属性証明書（AC）発行モデルを図 **3.40** に示す[52]．

図 3.40 は，本人認証を行うための公開鍵証明書（PKC）を発行・管理する認証局（CA），利用者の属性認証を行うために，利用者の属性を証明した属性証明書（AC）を発行・管理する属性認証局（AA），属性証明書

第3章 本人認証の基本技術

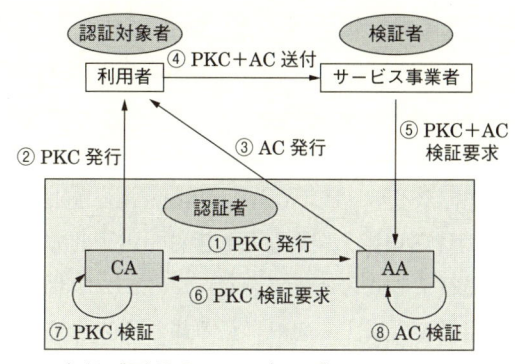

```
   認証対象者              検証者
           ④ PKC+AC 送付
    利用者 ─────────────→ サービス事業者
      ↑                      │
      │                      │ ⑤ PKC+AC
    ② PKC 発行   ③ AC 発行   │   検証要求
      │                      │
    ┌─┼──────認証者─────────┼─┐
    │ │                      ↓ │
    │ CA ←── ① PKC 発行 ── AA │
    │    ── ⑥ PKC 検証要求 →   │
    └─┘                      └─┘
    ⑦ PKC 検証            ⑧ AC 検証
```

参考："属性認証ハンドブック," ECOM, 2005.

図 **3.40** 認証局（CA）と属性認証機関（AA）

を保有する利用者（AC holder），属性証明書を検証するサービス事業者（AC verifier）の関係を示している．規定では，AA と CA は，異なる機関でなければならないとされているため，CA から AA に対して権限の委譲（delegation）が行われている．

また，RFC 3281 をベースとするモデルでは，PKI におけるルート認証局に相当するルート属性認証局（SOA：Source of Authority）は存在しないため，属性認証局間での権限の委譲は存在しないシンプルなモデルとなっている．

（3） 公開鍵証明書を用いる技法

属性型の公開鍵証明書発行の仕組みや利用方法は，通常の電子認証基盤を用いて行われる．公開鍵証明書（PKC）のフォーマットは，ITU-T Recommendation X.509 で規定されている．

以下に，PKC に属性及び属性値を明示する方法の例を説明する．

ISO/TS 17090-2 で定められている hcRole 属性は，医療従事者の役割を表すための属性で，PKC に設定する場合は Subject directory attributes エクステンションに設定して使用する．

hcRole 属性は，厚生労働省の医療情報ネットワーク基盤検討会で，国家資格を表現する方法として使用することが推奨されている．

また，日本国内では，事業として属性付きの PKC を発行する属性型の公開鍵証明書発行サービスも行われている．

日本認証サービスでは，電子署名法の特定認証業務の認定を受けて，AccreditedSign パブリックサービス 1 と AccreditedSign パブリックサービス 2 を提供している．AccreditedSign パブリックサービス 1 は，一般用途用として一般の電子文書へのディジタル署名や電子メールの暗号化などに利用できる PKC を発行するサービスである．AccreditedSign パブリックサービス 2 は，行政に対する申請・届出などの手続を電子的方法で行う場合に利用できる PKC を発行するサービスである．この二つのサービスで発行される PKC には，利用者が所属する組織に係る属性を表す識別情報が Subject alternative name エクステンションに設定される．

(4) 属性認証サーバを用いる技法

これは，利用者の属性情報を格納したデータベースを属性認証サーバに設

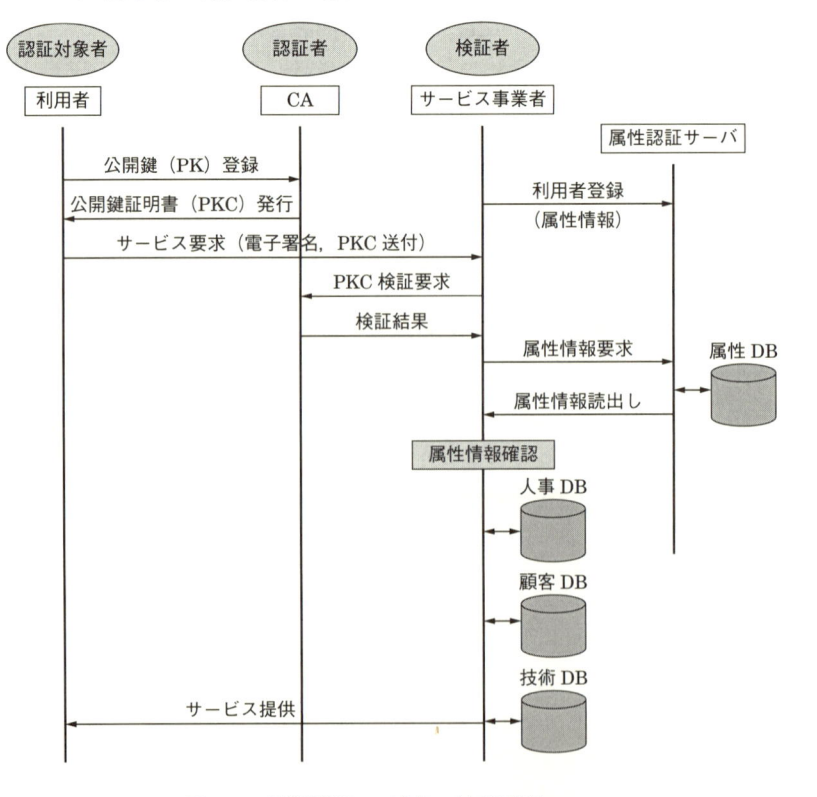

図 3.41 属性認証サーバを用いた属性認証フロー

ける方法で，事前に利用者を識別・登録する際に，属性情報も併せて格納しておく．属性認証サーバは，サービス事業者側に設置する場合と別組織で運用する場合が想定されるが，基本的な動作はどちらも同じである．

図 **3.41** に，属性認証サーバを用いた属性認証フローを示す．

3.11 多要素認証技術

（1）概　要

インターネットバンキングにおける本人認証では，PC や携帯電話がフロントエンドとなるため，カードリーダや身体認証センサを前提とすることができず，これまではパスワードに依存した「知識の要素」の一要素認証が主流だった．

一方，米国では，増加の一途をたどるフィッシング詐欺への対策として，米連邦金融機関調査委員会（FFIEC：the Federal Financial Institutions Examination Council）が 2005 年 10 月に，インターネットバンキングを提供する銀行に対して，2006 年末までに米国のすべてのオンラインバンキングサービスで，現在より強力な多要素認証（二要素認証）の導入を義務付けるガイドライン「インターネットバンキング環境における認証（Authentication in an Internet Banking Environment）」を公表した．

このように，オンライン社会の健全な発展のためには，厳格な利用者認証は不可欠となっており，二要素認証などの多要素認証技術は極めて重要な認証技術として位置付けられる．多要素認証では，所持，知識，生体の 3 要素の特性の異なる認証技術の長所を上手に組み合わせることにより，本人認証の信頼性を高めることを狙いとしている．

「所持の要素」では乱数表，ワンタイムパスワード発生器，IC カード，USB トークンなどが，「知識の要素」ではパスワード，合い言葉（クイズと答え），記憶（お気に入りの画像）などが，そして「生体の要素」では指紋，虹彩，静脈，声紋，掌紋（手の平の特徴），筆跡（オンライン署名）などの情報パターンが要素技術として利用される．これらの中で,特に IC カード（スマートカード）は，搭載する CPU にパスワード認証やバイオメトリック認証で利用されるデータを格納できること，更にチャレンジレスポンスのよう

に認証サーバとの複雑な認証のやり取りもICカード内のCPUが自動的に行ってくれるため，多要素認証の基盤要素技術として広く利用されている．

（2） 二要素認証

二要素認証（two-factor authentication）は，利用者に固有な二つの要素を用いて確実に認証することであり，セキュリティと経済性のバランスの観点から，ほとんどが「所持の要素」と「知識の要素」の組合せで実現されている．

例えば，銀行のATMを利用する際に使われるキャッシュカードは，利用者のみが認識している暗証番号と，利用者が所持している物理的装置であるICカードを組み合わせてセキュリティの高い利用者認証を実現する典型的な二要素認証である．

また，ハードウェアトークンと呼ばれる小型の専用機器（キーホルダー型やUSB型など）を用いたワンタイムパスワード認証も，物理的装置であるUSBフラッシュメモリと，ハードウェアトークンが組み合わさった二要素認証である．ハードウェアトークンでは，一定時間ごとに変化する数字列（ワンタイムパスワード）が表示されるので，利用者はログイン認証画面で自分の記憶しているパスワードに加えて，その数字列も併せて入力する．

二要素認証は，利用者保護やフィッシングによる損失軽減を目的として金融業界で最も導入が進んでおり，既に多くの製品が市場に流通している．例えば，日本の金融機関のインターネットバンキングでは，三菱東京UFJ銀行がICカードにワンタイムパスワード認証を組み合わせて利用したり，ジャパンネット銀行や三井住友銀行が「SecureID」トークンを用いたワンタイムパスワードを導入したりしている．

しかし，ワンタイムパスワードなどを組み合わせた二要素認証を使えば，なりすましのリスクは軽減されるが，それで十分安全だとは言えない．それは，二要素認証には，現在アクセスしているサイトが本物かどうかを確認する手段がなく，「中間者攻撃（man-in-the-middle attack）」に対しては効果がないためである．中間者攻撃とは，正規の通信の間に"割り込んで"，通信の当事者には気付かれないように通信内容を盗んだり改ざんしたりする攻撃手法を指す．

オンラインバンキングサービスなどでは，セキュリティを高めるために二要素認証を積極的に導入しているが，米国 Citibank の利用者が中間者攻撃によって実際にフィッシング詐欺にあった事例を以下に紹介する．

Citibank で実際に起こったフィッシング詐欺事件では，攻撃者は，利用者と正規の Web サイト（Citibank のサイト）の間に割り込み，利用者に対しては攻撃者が構築した偽サイトを Citibank のサイトと思わせ，Citibank のサイトに対しては偽サイトを同社サービスの利用者に見せかけた．

具体的にはまず，利用者に偽メール「あなたの口座に対して，ある IP アドレスから不正と思われるアクセスが確認されました．あなたの IP アドレスを確認するために下記のサイトへアクセスしてログインしてください．3 日以内にログインしないと，あなたの口座は一時的に閉鎖されます」を送って偽のログインサイトへ誘導する．

騙された利用者が偽サイトでパスワードなどを送信すると，偽サイトはそれらの情報を本物の Citibank サイトへ送信する．同時に，本物のサイトから送られた情報に基づいて偽サイトの表示を変えて本物になりすます．そして，偽サイトから送った情報で本物のサイトへのログインが成功すれば，後は偽サイトが正規利用者になりすまして口座情報の変更や送金などを行うというものであった．

もう一つ，二要素認証の不十分な点は，エンドポイントのセキュリティは守れないということである．つまり，二要素認証を使っていても，利用者のパソコンに悪質なプログラム（キーロガーなど）を仕込まれれば，不正なアクセスを許してしまうことになるからである．

このように二要素認証は，本人認証をより確実なものとする認証手段ではあるが，相互認証（mutual authentication）とエンドポイントのセキュリティが考慮されていないという欠点がある．このため，ネットバンキングなど十分なセキュリティ保証が求められる企業や組織では，ほかのセキュリティ手段も併用するなどして，これらのリスクを十分考慮した安全なサービスを提供することが求められる．

（3） 三要素認証

三要素認証（three-factor authentication）は，二要素認証よりも本人認

証を確実なものにすることを目的に利用者に固有な三つの要素を用いて確実に認証する方法である．

そのため，セキュリティに最重点を置き，「所持の要素」と「知識の要素」と「生体の要素」の三つの特徴の異なる要素を組み合わせて行う方法が一般的となっている．

しかし，二要素認証と同様，中間者攻撃への対策などはないので，相互認証とエンドポイントのセキュリティは別に考慮する必要がある．

現在，三要素認証が導入されている主な業界は金融業界である．

表3.9にATM取引，インターネットバンキング取引の三要素認証の例を示す．

表3.9　金融業界における三要素認証の例

	ATM取引	インターネットバンキング取引
所持の要素	キャッシュカード	ワンタイムパスワード
知識の要素	パスワード	パスワード・乱数表
生体の要素	バイオメトリック	行動バイオメトリック＊

＊　行動バイオメトリック認証は，筆跡（オンライン署名）のようなものを指すが未だ研究段階

ATM取引では三要素認証の導入が相当進み，一般化されてきている．第4章4.3節では，生体認証付き銀行ATMサービスの事例を紹介する．

一方，インターネットバンキング取引では二要素認証の導入が始まった段階であり，三要素認証の導入は将来的な課題となっており，今後，行動バイオメトリック認証と呼ばれる新しい技術の応用などが期待されている．

行動バイオメトリック認証は，比較的長めのパスワードをキータイプする際の文字と文字の時間間隔のズレや圧力の変化などを計測し，個人の特徴を数値化する認証方式であり，ほかにオンライン署名認証（筆跡認証とも呼ばれる）などがある．この認証方式は，バイオメトリック認証の持つ紛失することのない安心感と，ワンタイムパスワード認証の持つ携帯性の高さの両方のメリットを兼ね備えており，現在，認識精度の向上に向けた研究開発が行われている段階である．

3.12 匿名認証技術

（1） 概　要

匿名認証は，プライバシーを保ちながら真正な利用者が信頼できる情報を扱うことができるための認証方法であり，例えば電子商取引において，個人情報を開示することなく，商品の購入，代金の支払，商品の販売，代金の受領と言った一連の取引が安全・確実に行えるようにすることであったり，購入履歴から趣味嗜好まで知られてしまうようなプライバシー問題を防ぐことであったりする．

匿名認証を行う技術としては，電子署名技術が基本技術として用いられており，署名者のプライバシー保護を狙いに署名者本人を匿名とする方式と，受領者のプライバシー保護を狙いに署名すべきデータを隠して署名する方式がある．

前者は，署名者は個人情報を明かさずに電子文書に署名するので，実際の署名者がだれなのか分からないが，ある集合に属していることだけが分かる方式である．後者は，受領者が取得するデータを他人には知られない形で署名してもらう方式である．

匿名認証技術は，購入履歴から趣味嗜好まで知られてしまうようなプライバシー問題を防ぐ手法として発展してきた技術であり，**表 3.10** に示すよう

表 3.10　プライバシーの保護をサポートした署名方式

プライバシー保護の方式			方式の説明
情報とその発信者との結び付きを断つ技術	グループ署名	グループ登録によるグループ管理者による署名	・署名者本人を隠す方式 ・署名者は個人情報を明かさず電子文書に署名 ・実際の署名者がだれなのか分からないが，ある集合に含まれていることは分かる
	リング署名	グループ登録なしでグループメンバの一人を選んで署名	
情報を暗号化したままで活用する技術	ブラインド署名	署名すべきデータを隠して署名	・署名すべきデータを隠したままで署名を発行 ・受領者は自分の秘密情報を知られることなく受領した署名を利用することができる ・電子マネー／電子投票など
	グループブラインド署名	グループ署名で署名すべきデータを隠して署名	

な技術がある．

（2） グループ署名

グループ署名は電子署名の一形態であり，検証者に対し匿名性を有し，特権者にのみ匿名性を剥奪する権利を与えることを特徴としている．

グループ署名方式の満たす安全性要件は，Ateniese らによって提案され，表 **3.11** のように定義される[53], [54]．

表 **3.11**　グループ署名方式の満たす安全性要件

	安全性要件	説明
1	Correctness	グループのメンバのみが管理者の発行したディジタル署名を用いて，グループ公開鍵で検証可能なグループ署名を生成することができる
2	Unforgeability	管理者の発行したディジタル署名を知らなければ，検証できるグループ署名が生成できない
3	Anonymity	グループ署名から署名を作成したメンバを特定することはできない
4	Unlinkability	二つの異なるグループ署名から，グループの同一メンバが署名したのかどうか判別することはできない
5	Exculpability	メンバも管理者もグループのほかのメンバになりすますことのできるグループ署名を作成することはできない
6	Traceability	管理者の秘密鍵により，グループ署名から署名を作成したグループのメンバを追跡することができる
7	Coalition-Resistance	複数のメンバが結託しても結託したメンバ以外になりすますことのできるグループ署名を作成することはできない

出典："個人情報保護の視点からの認証システムの検討，" SICS 2007.

この中で，最も基本的な要件は，次の 3 要素である．
・Correctness：署名を生成できるのはグループメンバのみであること
・Anonymity：署名者がだれかは特定できないこと
・Traceability：特殊な手段により匿名性を剥奪できること

その中で最後の条件（Traceability）は，例えば誹謗中傷など不適切な文書であった場合に，特権を有する権限者がその文書の署名者を特定することができるものである．

また，グループ署名での登場人物は，グループ管理者（GM），グループメンバ（S），グループ署名を検証する検証者（V）の 3 者から構成される．

グループ署名の構成を図 **3.42** に示す[55]．

第3章 本人認証の基本技術

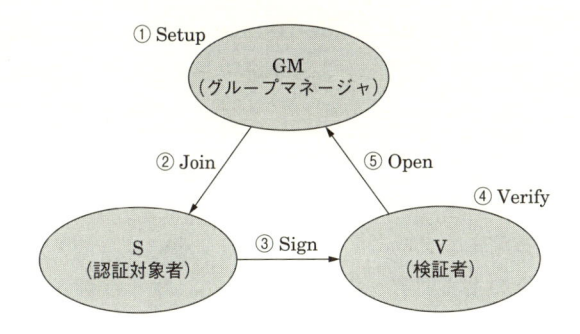

図 3.42 グループ署名の構成

グループ署名の手続は，Setup，Join，Sign，Verify，Open のプロトコルで構成される．以下に，その手続を流れに沿って説明する．

① Setup：グループ管理者（GM）がグループの初期化を実行する．
その後，セキュリティに関するパラメータを入力として，グループ公開鍵及びグループ秘密鍵を生成する．

② Join：利用者がグループへの参加を要求する際に，GM とやり取りされるプロトコルである．利用者は個人情報を登録してグループのメンバ（S）となることで，グループ署名を生成するためのメンバ鍵とグループ秘密鍵で署名したメンバ証明書を得る．

③ Sign：S が検証者（V）にサービス要求すると，V は S に対して認証要求メッセージを返すので，そのメッセージに S のメンバ鍵でグループ署名を生成し，グループ証明書と一緒に V へ送付する．

④ Verify：V はグループ公開鍵を用いて，メッセージに対するグループ署名の正当性を検証する．正しい検証結果なら，グループのメンバによる署名と判断する．

⑤ Open：問題が発生したときには，GM に対してメッセージ，グループ署名を送付して匿名剥奪要請を行う．GM は受理した情報とグループ秘密鍵を用いて，生成したメンバを特定する．

これまでに多くのグループ署名方式が提案されているが，その中でも，2000 年に Ateniese らにより提案されたグループ署名方式は，署名サイズや鍵サイズがグループのメンバ数に依存せず，更に強 RSA（Rivest-Shamir-

Adleman）仮定及び Decision Diffie-Hellman 問題の困難性仮定の下で，表3.11 の安全性要件をすべて満たすことが証明されており，効率と安全性の両面で優れたものである．

それでは，グループ署名がどのようにして匿名性を実現しているか，その方法について，以下に説明する．

グループ署名とディジタル署名との本質的な違いは，グループ署名では利用者の公開鍵をそのまま開示しないことにある．すなわち，利用者の公開鍵は特権者の公開鍵で暗号化した上で開示する方法を取っている．

こうすることによって，一般の人は，暗号化された利用者の公開鍵を復号化する手段を持っていないため，匿名性の維持が可能となる．一方，特権者は，自分の秘密鍵でいつでも利用者の公開鍵を復号できるため，利用者の識別が可能である[56]．

また，正しい利用者の公開鍵であることを保障するために，特権者の公開鍵で暗号化された利用者の公開鍵を含む情報に対して特権者が電子署名したメンバ証明書を発行している．したがって，検証者は，特権者の公開鍵を用いてメンバ証明書中の電子署名を検証する．

（3） ブラインド署名

通常，電子署名は，「自分の文章に自分で署名する」と言う形態が一般的である．文章の内容を見られても構わないのであれば，この方法で他人の署名を付加してもらうことも可能だが，文章の内容を見られずに他人の署名を付加してもらう必要がある場合は，ブラインド署名技術を使う．ブラインド署名は，特別な暗号の封筒で内部のデータを隠しつつ，内部のデータにディジタル署名をもらう技術である．

代表的な事例に選挙の電子投票がある．図 **3.43** に，ブラインド署名による電子投票の手順を示す．

以下に，図 3.43 を用いてブラインド署名の仕組みを説明する．

投票者は，自分の投票用紙に投票者を記名する．その投票用紙「m」をハッシュ関数でハッシュ化してハッシュ値「$h(m)$」を作成する．また，乱数生成器を使って自分だけの秘密の乱数「R」を生成する．この乱数「R」は，選挙管理委員会（以下，選管と呼ぶ）の公開鍵（e）を使って暗号化「R^e」する．

第3章 本人認証の基本技術

```
  認証対象者        認証者         検証者
   投票者       選挙管理委員会      投票所
```

- 投票用紙に投票者記名「m」
- 「m」のハッシュ値生成：$h(m)$
- 秘密の乱数生成：R
- R を選管の公開鍵 (e) で暗号化：R^e
- 送信電文作成：$R^e \times h(m)$

　　　送信電文に電子署名要求 →

- 受信電文に秘密鍵 (d) で署名：$(R^e \times h(m))^d$
  $= R^{ed} \times h(m)^d = R \times h(m)^d$

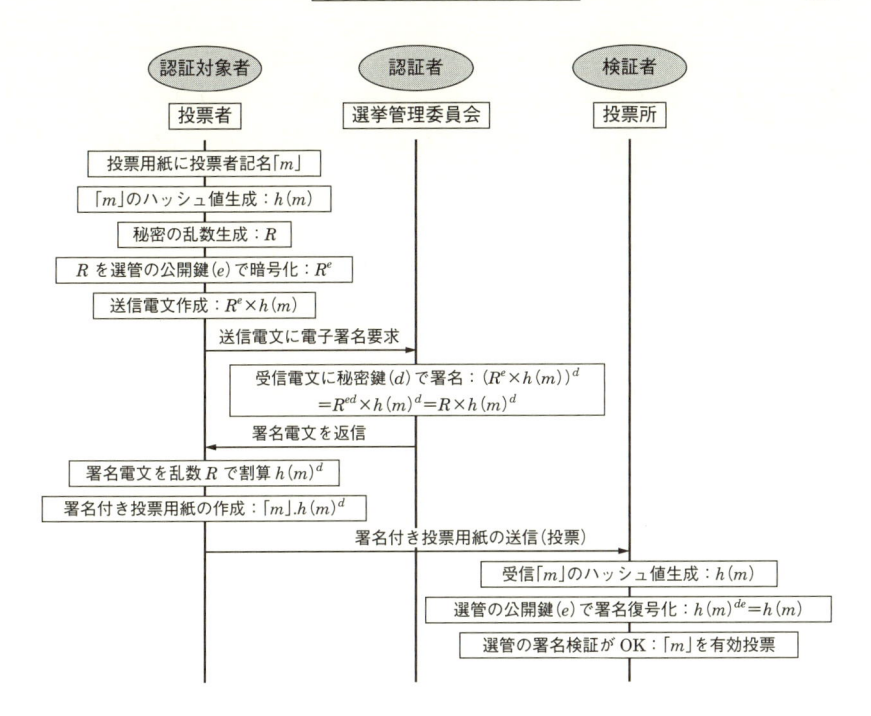

　　　← 署名電文を返信

- 署名電文を乱数 R で割算 $h(m)^d$
- 署名付き投票用紙の作成：「m」$.h(m)^d$

　　　署名付き投票用紙の送信（投票）→

- 受信「m」のハッシュ値生成：$h(m)$
- 選管の公開鍵 (e) で署名復号化：$h(m)^{de} = h(m)$
- 選管の署名検証が OK：「m」を有効投票

図 3.43　投票用紙のブラインド署名の例

そして，投票用紙のハッシュ値「$h(m)$」と暗号化した乱数「R^e」を掛け合わした数列を送信電文「$R^e \times h(m)$」として選管に送る．

選管は，受信した電文「$R^e \times h(m)$」に対して自分の秘密鍵 (d) で電子署名して，その電子署名した電文を投票者に返す．この秘密鍵 (d) の暗号化処理は，$(R^e \times h(m))^d = R^{ed} \times h(m)^d = R \times h(m)^d$ ということになるので，投票者は自分の秘密乱数「R」で割るだけで，選管が署名したハッシュ値「$h(m)^d$」を取り出すことが可能となる．

以上のように，ブラインド署名では，文章（データ）の内容を見られずに他人の署名を付加してもらうことができる．

3.13　シングルサインオン認証技術

（1）概　要

現在，利用者が様々なシステムを利用する場合，それぞれのシステムに利

用者情報や認証情報を登録して，システムごとに利用者認証（通常，ID・パスワード方式による認証）を行うのが一般的である．このため，利用者は，システムごとにIDとパスワードを入力しなければならず，不便な操作性を強いられている．一方，システム側は，利用者情報管理の運用コストの増大を招いている．

シングルサインオン（SSO：Single Sign On）認証は，そのような利用時の不便さや運用コスト増大を低減することを狙いとしており，認証者から一度認証されると，再度サインオンなしに複数のサービスを利用可能とするID認証方式である．その代表的なID認証方式に，アイデンティティ管理による認証方式がある[57]．

アイデンティティは，ある個人やグループを特定する情報の総体で，氏名，住所，生年月日，アカウント名，免許証，保険証，クレジットカード番号などの属性情報が該当する．アイデンティティ管理は，様々なサービスやシステム上でこのようなアイデンティティに関する属性情報を認証や認可（アクセスコントロール）に活用することを指している．

本節では，アイデンティティ管理による認証方式について述べながら，シングルサインオン認証技術の本質を理解する．

本章3.5節図3.12のアイデンティティ管理基盤でも説明したように，プレイヤとしては，認証対象者の利用者，認証者のアイデンティティ提供者（IdP：ID Provider），そして検証者のサービス事業者（SP：Service Provider）が存在する．利用者は，まずサービス要求に先立ち，事前にIdPとSPに対してアカウントを開設して，IdP及びSPの連携に関する同意を行ってアカウント連携を確立することが必要である．

そうすることによって，利用者はSPにシングルサインオンしてログアウトまでの間（この期間を1セッションと言う），アカウント連携している複数のSPのサービスを自由に利用することができる．

図**3.44**にシングルサインオンの利用手順を示す[58]．

（a）アイデンティティ管理モデル　シングルサインオン認証を行うアイデンティティ管理モデルには，認証者のIdPの役割の相違によって，図**3.45**に示すように連携モデル（federated model）とユーザセントリックモ

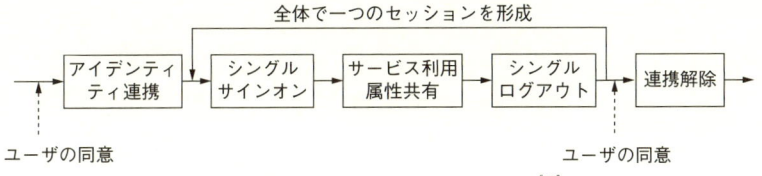

第3章 本人認証の基本技術

図3.44 シングルサインオンの利用手順[58]

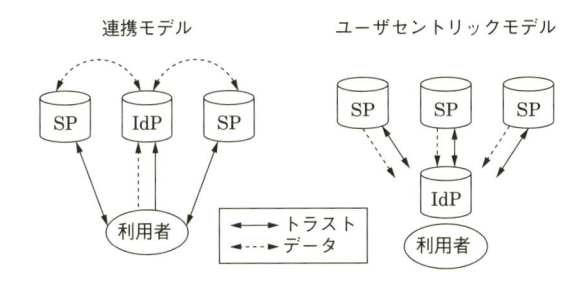

図3.45 アイデンティティ管理モデル[59]

デル (user centric model) がある[59].

連携モデルは，IdP と SP 間でアイデンティティ情報を分散管理する非集中コントロール系であり，異種システムとの連携を可能とする．一方，ユーザセントリックモデルは，単一レポジトリでアイデンティティ管理する集中コントロール系であり，類似システムのみの連携が可能である．

（b）シングルサインオン認証の基本処理フロー　シングルサインオン認証の処理フローを図 **3.46** に示す[58].

図 3.46 に沿って，シングルサインオン認証の認証連携について，以下に説明する．

利用者は，サービス事業者（SP1）からサービスを受けたいとき，SP1 にサービス要求を行う．SP1 は，サービス要求してきた利用者の認証をアイデンティティ提供者（IdP）にお願いする．IdP は，利用者に対してログイン要求を行い，利用者が本人かどうかを，例えば入力されたパスワードなどを確認することによって認証確認する．そして，認証情報を作成して，SP1

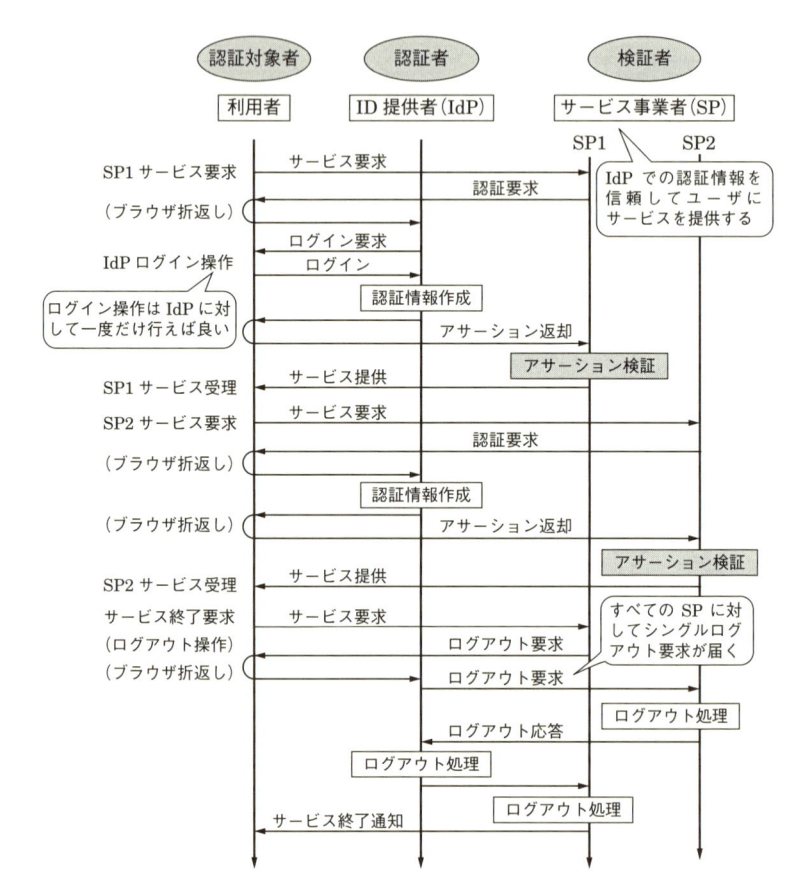

図3.46 シングルサインオン認証の基本処理フロー

にアサーションを返す．また，この認証結果は利用者がログアウトするまでIdPの認証サーバに保持しておく．SP1は，アサーションを受理すると，その内容から利用者が本人かどうかの結果を得て，本人ならば要求されたサービスを提供する．引き続き，利用者がサービス事業者（SP2）からサービスを受けたいときには，SP2にサービス要求を行う．SP2は，サービス要求してきた利用者の認証をIdPにお願いする．IdPは，既にこの利用者がログイン要求を行っていることを認証サーバで確認し，そのときの認証情報をアサーションとしてSP2に返す．SP2はアサーションの内容を判断して，

サービス提供を行う．

　以上のように，シングルサインオン認証は，Web システムごとに必要だった利用者 ID やパスワードを一つにできるので，利用者の利便性は高まるが，1 回の認証をくぐり抜けられてしまうと，複数のシステムにアクセスされてしまうというリスクが高くなる課題がある．

　しかし，利用者は一つのパスワードさえ管理できればよいので，複数持つ場合よりもきちんと管理ができること，またシステム側でも認証強度を強固にしておけば適切に運用でき，それほどコストアップせずにセキュリティを向上させることができるため，セキュリティを確保しつつ，利便性を提供できる仕組みとしてシングルサインオン認証は注目されている．

　このように，シングルサインオン認証は，様々なシステムの認証を統合して一つの認証基盤で提供する大変便利な仕組みだが，実際に実装するとなると，それぞれのシステムに提供されている製品間の相互運用性を確保することが求められ，標準化が重要な役割を果たす．

（2） 標準化の流れ

　2001 年以降，業界ではシングルサインオン認証の標準化や認証連携の実現に向けた動きが始まった．代表的な動きが「SAML」と「Liberty Alliance」で，ほかにマイクロソフトが提唱する Information Card，及び VeriSign などのベンダが提唱する OpenID の動きがある．

　図 **3.47** にこれらの特徴を示す[60]．

　さらに，最近，アイデンティティ管理の普及拡大を目的として，これらの三つの技術の相互運用を実現するため，「カンターラ・イニシアチブ」のオープンコミュニティ活動が発足した[61]．

　以下に，これらの標準化の動き，それぞれの技術の仕組みや特徴について説明する．

（a）「SAML」と「Liberty Alliance」　　「連携モデル」に基づく Web ベースの ID 管理である．

　「Liberty Alliance Project」は 2001 年 9 月に設立，Liberty Alliance Project Members として IT ベンダ，テレコム，金融機関，政府組織，放送事業者，製造業など 150 社以上が参加している．主なプレーヤは，

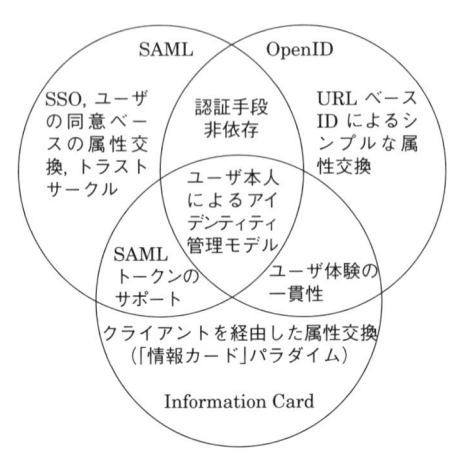

図 3.47 異なる技術仕様の比較[60]

AOL, British Telecom, France Telecom, Intel, Oracle, Sun, GSA, Citigroup, Novell, NEC, NHK, NTT などである.

本プロジェクトの取組みは, 様々なネットワークやデバイスに対応した公開標準仕様, ビジネスガイドライン, 規制対応に関する白書などを提供することであり, 分野別に分科会の運営や, 相互運用性試験を運営している.

図 3.48 に Liberty Alliance Project が提唱する SAML 2.0 の基本処理フ

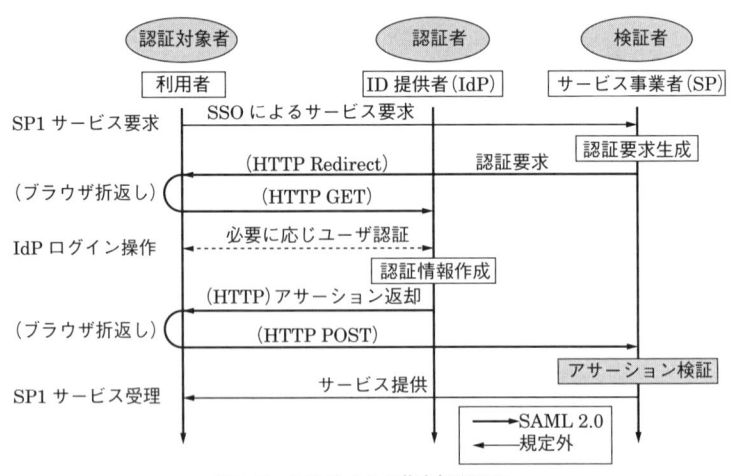

図 3.48 SAML 2.0 の基本処理フロー

ローを示す[11], [62]．

SAMLで利用される利用者の公開情報としては，メールアドレス，X.509公開鍵証明書のSubject Nameがある．また，利用者の属性情報としては，社員番号，学籍番号，所属組織名，会員資格などがある．これらの利用者情報は，IdPやSPでそれぞれ必要に応じて管理されている．

一方，SAML SSOでは，IdPとSPとの間で同一ユーザとして扱うための，利用者の関連付けが必要であり，そこには仮名を使ったアカウント連携が用いられている．この仮名は，IdPがSPごとに発行する識別子（SPごとに異なるランダム文字列）である．利用者に対してIdPとSPの間でのみ有効であり，個人の特定を不能にすることでメッセージ盗聴による実際の利用者名の流出防止，名寄せによるプライバシー情報漏えい防止を可能としている．

図 **3.49** に仮名を使ったアカウント連携の例を示す[58]．

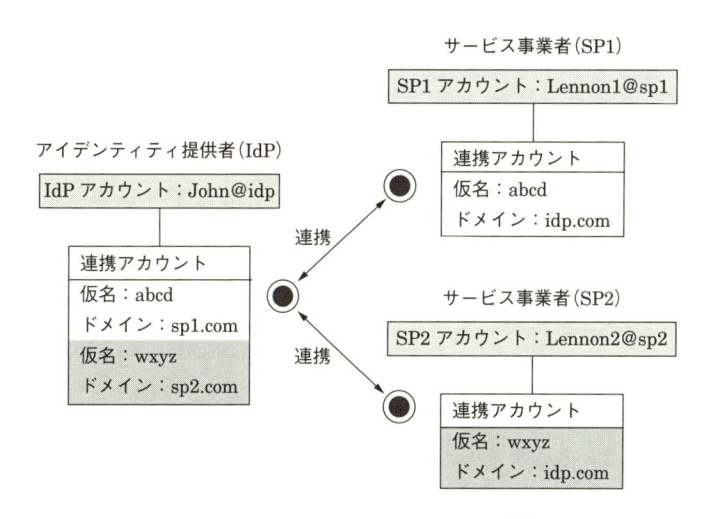

図 **3.49** 仮名を使ったアカウント連携[58]

利用者は，サービス事業者ごとに異なるアカウント（Lennon1@sp1，Lennon2@sp2）と，アイデンティティ提供者におけるアカウント（John@idp）とを連携させて，それぞれに付随するアイデンティティ情報を管理する．

SAMLのもう一つの特徴は，IdPとSPとの間でやり取りされる認証アサーションである．これは，様々な用途や利用環境に対応できるよう工夫さ

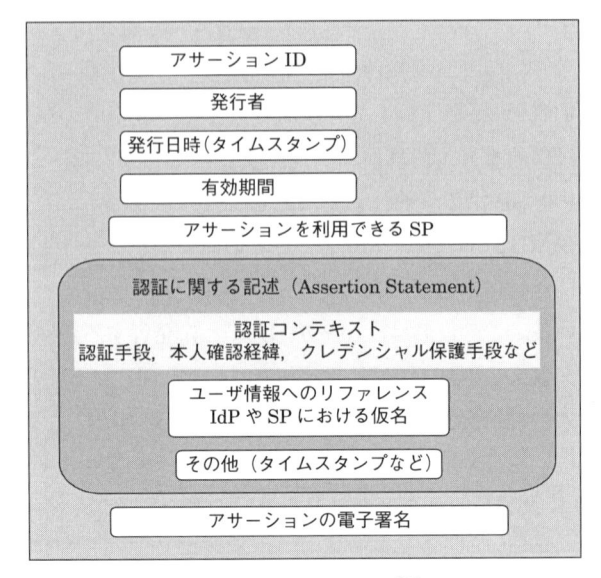

```
┌─────────────────────────────────────────┐
│         ┌──────────────────┐            │
│         │  アサーション ID   │            │
│         └──────────────────┘            │
│         ┌──────────────────┐            │
│         │     発行者        │            │
│         └──────────────────┘            │
│         ┌──────────────────────┐        │
│         │ 発行日時(タイムスタンプ) │        │
│         └──────────────────────┘        │
│         ┌──────────────────┐            │
│         │    有効期間       │            │
│         └──────────────────┘            │
│      ┌────────────────────────────┐     │
│      │ アサーションを利用できる SP   │     │
│      └────────────────────────────┘     │
│   ╭───────────────────────────────────╮ │
│   │  認証に関する記述(Assertion Statement)│
│   │  ┌─────────────────────────────┐  │ │
│   │  │      認証コンテキスト         │  │ │
│   │  │ 認証手段,本人確認経緯,          │  │ │
│   │  │ クレデンシャル保護手段など      │  │ │
│   │  └─────────────────────────────┘  │ │
│   │  ┌─────────────────────────────┐  │ │
│   │  │ ユーザ情報へのリファレンス     │  │ │
│   │  │ IdPやSPにおける仮名           │  │ │
│   │  └─────────────────────────────┘  │ │
│   │  ┌─────────────────────────────┐  │ │
│   │  │ その他(タイムスタンプなど)    │  │ │
│   │  └─────────────────────────────┘  │ │
│   ╰───────────────────────────────────╯ │
│      ┌────────────────────────────┐     │
│      │    アサーションの電子署名      │     │
│      └────────────────────────────┘     │
└─────────────────────────────────────────┘
```

図 **3.50** 認証アサーションの構造[60]

れており,図 **3.50** のような構造をしている.

認証コンテキストのフィールドでは,アイデンティティ情報の確からしさをレベル分けし,各レベルを達成するための手順(運用プロセス)を規定する.

アイデンティティ情報の確からしさのレベル(assurance level)として,次の四つのレベルを定義している[59].

・レベル 1:全く信頼がおけない
　　[例]単純なパスワードによる無料 Web サイトへの登録
・レベル 2:ある程度の信頼をおける
　　[例]PC に保存した証明書による認証で,Web 上で生命保険の住所
　　　　を変更
・レベル 3:高い信頼をおける
　　[例]PC に保存した証明書とパスワードによる認証で,Web 上で弁
　　　　護士が特許を出願
・レベル 4:非常に高い信頼をおける
　　[例]IC カードとパスワードによる認証で,警察官が犯罪情報にア

クセス

（b） Information Card　「カード」のメタファでID情報を管理するため，「カード」を選択する感覚でアイデンティティ管理可能なアイデンティティメタシステムである．

異なるトークンタイプを使用している様々なアイデンティティシステムをメタファで抽象化することにより，異種プラットフォーム間のアイデンティティ連携を実現している．

Information Cardは，マイクロソフトVista/IE 7に標準搭載のID管理機能であり，Information Cardを推進するInformation Card Foundation Membersとして，Equifax, Google, MS, Novell, Oracle, PayPalなどの企業が参加している．

図 **3.51** にInformation Cardの動作の流れを示す．以下，Information Cardの動作について説明する[63], [64]．

利用者はサービス要求に先立ち，事前にセキュリティトークンサービス（STS）に対して利用者情報登録処理を行い，作成してもらったInformation Cardをクライアントのidentity selectorに格納しておく必要がある．

その上で，利用者は，クライアントのidentity selectorを実装したブラウザアプリケーションからサービス事業者のWebサイトに対してサービス要求を行う．具体的には，サービス事業者のポリシーを要求する．

サービス事業者は，利用者に認証要求（認証に必要なポリシーとログインページ）を返す．このポリシーは，サービス事業者が受理するセキュリティトークンの種類，及びセキュリティトークンに含まれる情報を指定している．

ブラウザアプリケーションは認証要求を受理すると，Information Cardを起動して受理したポリシー情報を渡す．Information Cardはカード選択画面（Information Cardの一覧を表示，ポリシーに合致しないカードは淡色表示で識別）を表示する．

利用者が表示されたカード選択画面からポリシーを満たす特定のカードを選択すると，そのカードはSTSに送られ，また利用者は必要に応じてクレデンシャル入力を行う．

STSはカードを認証してセキュリティトークンを作成して返却し，そのセ

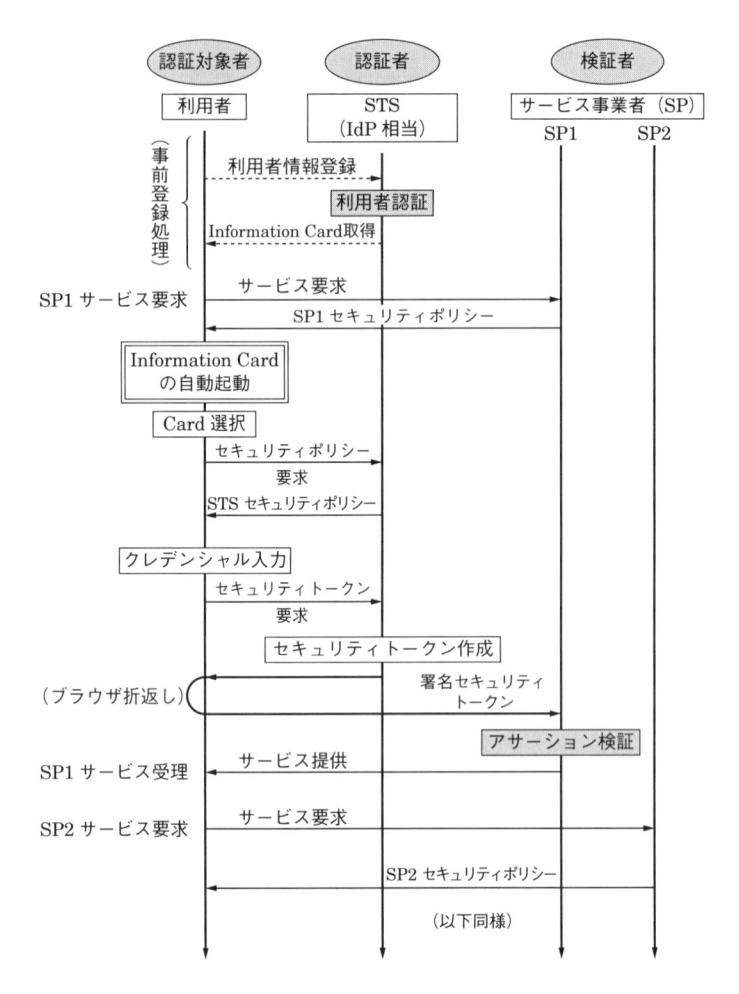

図 3.51 Information Card の動作の流れ

キュリティトークンはサービス事業者に送付される．サービス事業者は，セキュリティトークンを検証してサービスを提供する．

（c） **OpenID**　個人が自分のホームページを持ち，そこで個人のアイデンティティ情報を管理している．そして，URL を ID として利用している．

OpenID Foundation Members として，MS，VeriSign，IBM，Y!，Google，SixApart などの企業が参加している．

第 3 章　本人認証の基本技術

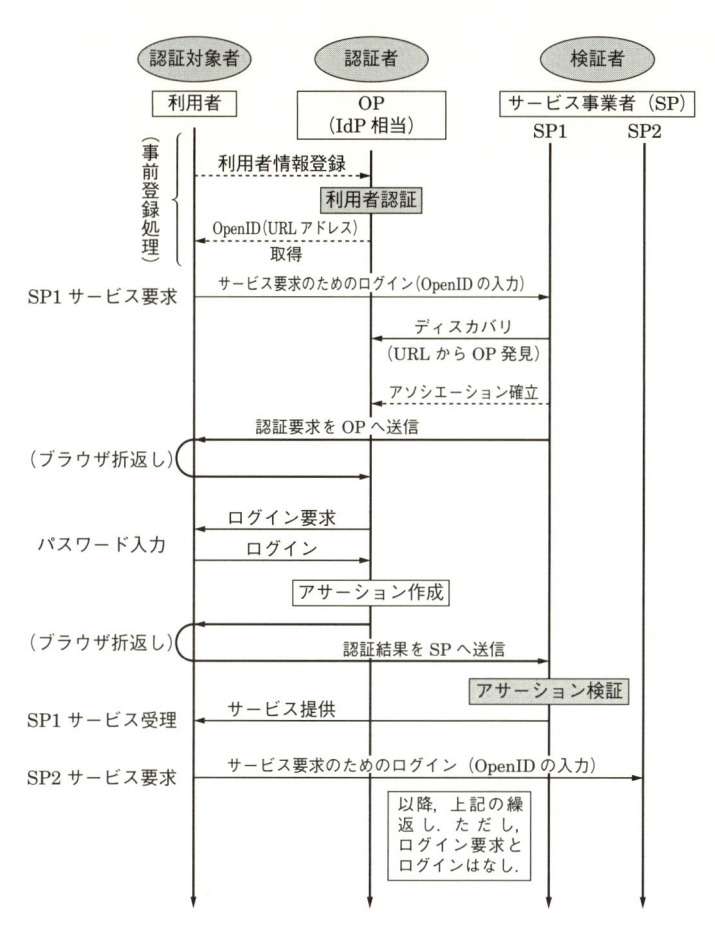

図 3.52　OpenID の動作の流れ

図 3.52 に OpenID の動作の流れを示す[12].

3.14　プライバシー保護技術

前節までの説明から，個人識別及び本人認証技術は，限りなく正確に本人の確認を行うことを目的としたネット社会の基本的機能であることが理解できるが，ここで重要なことは，プライバシー保護についてもこれらの基本機能の一翼として対等に考慮しなくてはならないということである．それは，認証で

利用される個人情報の漏えいや，それらの個別の情報を結び付けることによる追跡など，ネット社会での本人認証の広がりによりプライバシー侵害のリスクが近年急速に高まっているからである．今やプライバシー保護技術は，本人認証に関わる副次的課題として，重要な研究項目となっている．そこで，本節では第 2 章 2.5 節の概説に続いて，もう少し体系的に説明を加える．

図 **3.53** は，個人情報として考えられる情報の中でプライバシー情報の位置付けを示したものである．本節は，この図に示す個人情報の概念全体を基に，その保護について述べることとする[67]．

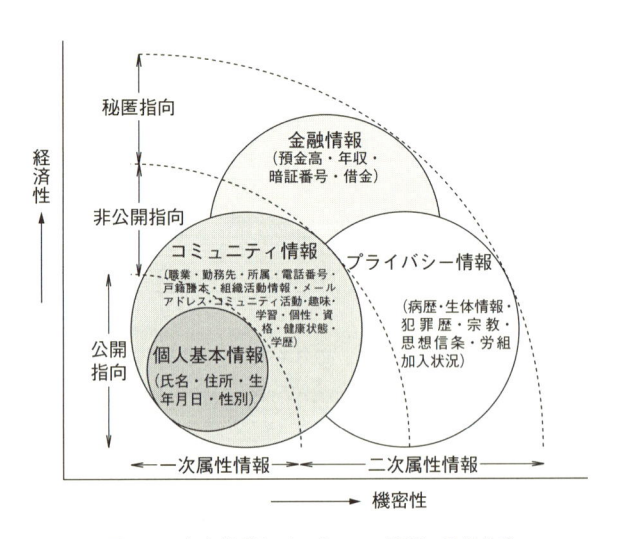

図 **3.53** 個人情報とプライバシー情報の位置付け

図 3.53 に示した情報を保護しようとする場合，**表 3.12** に示すように情報を四つに分類してプライバシー保護対策を整理することができる．

表 3.12 の最下段がいわゆるプライバシー情報で，病歴，犯罪歴，思想信条，宗教，性癖，交友録，日記，手帳，機微な個人情報などが該当する．日本にはプライバシー保護法がないので，憲法第 13 条の人権の尊重を基盤に裁判例などにより法的保護を求めることになる．

1964 年の三島由紀夫の小説「宴のあと」は，我が国最初のプライバシー侵害を認めた判決であったが，その後も 1969 年の京都府学連事件，1998 年

表 3.12 プライバシー情報の保護の概念

情報の分類		具体例	情報の保護	
			技術で守る	法律で守る
一次属性情報	ID個人識別情報 －公開－*	・氏名，住所 ・生年月日，性別 ・電話番号 ・メールアドレス	・匿名認証技術 （グループ署名） （リンク署名） ・偽名化・匿名化 ・リンク切	・個人情報保護法 ・不正アクセス禁止法
二次属性情報	本人認証情報 －非公開－	・パスワード ・秘密鍵 ・身分証明情報（運転免許証，身分証明書，保険証，パスポート，年金証書，生体情報，会社名，社員番号，役職家族情報，生活情報等本人認証に必要な情報）	・情報秘匿技術 （共通鍵暗号） （公開鍵暗号） （ブラインド署名）	・個人情報保護法 ・守秘義務規程（電気通信事業法，国家公務員法，地方公務員法，各事業法や弁護士法などの守秘義務事項）
	属性情報 －条件付開示－	・預金・資産・債権 ・不動産 ・資格・権利 ・職業・学歴・成績 ・所得 ・趣味・芸能・教養 ・医療情報	・暗号技術 （共通鍵暗号） ・アクセス制御 ・情報漏えい監視 （メール監視など）	・同上
	プライバシー情報 －秘匿－	・病歴・犯罪歴 ・思想信条，宗教 ・性癖 ・交友録 ・日記，手帳 ・機微な個人情報 （ただし，条件付き開示をするものは上段の属性情報となる．）	・暗号技術 （共通鍵暗号） ・アクセス制御 ・情報漏えい監視 （メール監視など）	・個人情報保護法 ・プライバシー保護に関する判例，憲法第13条 ・プライバシー保護法制（米国） ・個人データ保護法制（EU）

* 一次属性情報として個々に掲げたものは必ずしもすべて公開されているわけではないが，二次属性情報との対比を強調するために，ここではカテゴリとして公開とした．

のエホバの証人輸血拒否事件など毎年のように話題になる判決が続いている．また，個人情報保護法の制定によって会社などでは就業規則の中に，倫理規定やコンプライアンス教育を徹底する企業も増えてきた．個人情報を取り扱う部署では資格制度を設けて，個人情報保護の取扱いについて資格を持たないと従事させない規定がある会社も現れている．

一方，インターネット時代になるとネット上の情報流通の中で，攻める側と守る側がそれぞれ法律や技術を盾に論争を繰り返している．特に技術的に情報を保護する重要性が求められており，情報の秘匿のための暗号化やアクセスを限定化するアクセス制御はもとより，最近では情報の漏えい防止のためのメールの監視に相当なテクノロジーが使われている．そこで，技術的視点に立って，プライバシー情報のリスクからプライバシー保護技術について整理すると，**表 3.13** のように整理できる．縦軸はプライバシー情報のリスクに応じてどのようなプライバシー保護の技術があるか分類し，横軸は，対応するセキュリティの環境及び対策技術について説明している．

表 3.13　プライバシー保護技術

プライバシー情報のリスク	セキュリティの環境	対策技術	備考
不正流失 情報漏えい 不正アクセス 盗聴	通信路	暗号通信（SSL, VPN）技術 盗聴防止対策 匿名通信路[*1]	固定電話やインターネットのセキュリティ対策や盗聴防止対策 電子投票における MIX ネットなどの匿名通信路
	コンピュータ（PC・ホスト）	アクセス制御 認証・認可技術	
ID 公開 個人名の開示	ログイン	匿名認証技術 グループ署名 リンク署名 検証者指定署名[*2]	名前・住宅・生年月日・性別などを伏せて内容との連鎖を断つ
	ネットワークオークション	仮名連携技術	売手と買手の IP アドレスを公開せずに交信を可とする仲介技術
内容公開 内容の開示	電子投票	ブラインド署名	選挙の記載内容を覗かず密封し立会人の監督署名を施す技術
	一般	暗号化 共通鍵暗号 公開鍵暗号	パスワードなど本人認証情報やその他の属性情報の内容を秘匿する．プライバシー情報の内容はここで保護

[*1] 通信回線と接続するコンピュータがアクセス制御機能を有し不正なアクセスを拒否する．
[*2] 指定検証者のみ検証できるアイディア．

表 3.13 の第一段（不正流失のリスク）では，プライバシー情報の不正流失に対する保護対策技術として，通信路の暗号通信技術，盗聴対策技術や電子選挙で使われる匿名通信路が示されている．また，コンピュータのアクセ

ス制御対策や認証・認可技術が挙げられている．

第二段（ID公開のリスク）では，実名などのようにIDが公開され開示されるというリスクに対して，匿名認証技術（グループ署名やリンク署名）が示されている．また，検証者指定署名のようなアイディアが提案されている[68],[69]．ネットワークオークションでは，売手と買手が落札後お互いのIPアドレスを相手に示すことなく必要な連絡だけ取れるよう開発された仮名連携技術が提示されている．

第三段（内容公開のリスク）では，プライバシー情報がそのまま公開されてしまうリスクに対する保護技術が挙げられている．電子投票では，投票の内容を見ないで封書に入れられた投票用紙に，封書の外から選挙立会人の承認印を押下するブラインド署名が挙げられている[70]．その他，一般のプライバシー情報の内容開示のリスクに対しては，最もオーソドックスな暗号化技術が示されている[71]．

このように，プライバシー保護技術は多様なものであるが多くの場合，個別の条件や環境によって各種の要素技術の組合せで対応することが現実解である．

本章で記載した各種の要素技術の本質を理解しながら，直面するプライバシーの保護の課題に取り組むことが求められている．

参 考 文 献

[1] Wikipedia (the free encyclopedia), "Authentication", http://en.wikipedia.org/wiki/Autehtication
[2] "A guide to Understanding Identification and Authentication in Trusted System," NCSC, 1991.
[3] "Biometrics Deployment of Machine Readable Travel Document," Technical Report, Version 1.9, ICAO TAG MRTD/NTWG, May 2003.
[4] 辻井重男，笠原正雄，"情報セキュリティ，暗号・認証・倫理まで，"昭晃堂，2003.
[5] 岡本龍明，山本博資，"現代暗号，"産業図書，1997.
[6] 電子商取引推進協議会，"属性認証ハンドブック，"ECOM，2005.
[7] 牧野二郎，日本ボルチモアテクノロジース，城所岩生，"電子認証のしくみとPKIの基本，"毎日コミュニケーションズ，2003.
[8] 小松文子，"PKIハンドブック 改訂，"ソフト・リサーチ・センター，2004.
[9] 土居範久監修，"情報セキュリティ事典，"共立出版，2003.
[10] 村井純監修，"PKIと電子社会のセキュリティ，"共立出版，1999.

[11] "SAML V2.0, OASIS Standard," 15 March 2005, http://saml.xml.org/saml-specifications#samlv20
[12] "OpenID Authentication 2.0 - Final," December 5, 2007, http://openid.net/specs/openid-authentication-2.0.html
[13] T. A. Brown, 村松正實監訳, "GENOMES (ゲノム・新しい生命線へのアプローチ)," メディカル・サイエンス・インターナショナル, 2000.
[14] B. Brinkmann and A. Carracedo, edited, "Progress In Forensic Genetics 9," Escerpta Medica, 2003.
[15] 小松尚久, "バイオメトリクスのおはなし," 日本規格協会, 2008.
[16] バイオメトリクスセキュリティコンソーシアム編, "バイオメトリックセキュリティ・ハンドブック," オーム社, 2006.
[17] 瀬戸洋一, "サイバーセキュリティにおける生体認証技術," 共立出版, 2002.
[18] 瀬戸洋一, "バイオメトリックセキュリティ入門," ソフト・リサーチ・センター, 2004.
[19] "小特集 バイオメトリクスセキュリティ," 信学誌, vol.89, no.1, Jan. 2006.
[20] "特集 バイオメトリック認証システム," 情報処理, vol.47, no.6, June 2006.
[21] "小特集 バイオメトリクスセキュリティの実用化最前線," 信学誌, vol.90, no.12, Dec. 2007.
[22] 画像電子学会編, 星野幸夫監修, "指紋認証技術," 東京電機大学出版局, 2005.
[23] ICAO Machine Readable Travel Documents (MRTD), http://www.icao.int/mrtd/Home/Index.cfm
[24] 勞 世竑, 山口 修, "顔画像処理の応用事例," 情報処理, vol.50, no.5, 2009.
[25] 稲葉一人, 深萱恵一, 井上悠輔, 米本昌平, "犯罪捜査におけるDNAデータベース－イギリス, アメリカ, カナダと日本の比較研究－," Studies 生命・人間・社会, no.7, June 2004.
[26] 河村憲明, 田中 清, "DNA型情報の活用," 警察政策研究, no.9, 2005.
[27] BIOIDENTIFICATION, "Frequently Asked Questions," http://www.bromba.com/freq/biofaqe.htm
[28] 神永正博, "カードセキュリティのすべて," 日本実業出版社, 2006.
[29] 石川勝一郎, 和泉 章, 三田 啓, 渡邊昇治, "ICカード革命," オーム社, 2001.
[30] 伊土誠一監修, 山本修一郎, 細田泰弘編著, "ICカード情報流通プラットフォーム－21世紀情報社会のキーテクノロジー－," 電気通信協会, 2001.
[31] 岩下直行, "金融業務と情報セキュリティ技術；この10年の経験と今後の展望," 金融研究, vol.27, pp.25-37, Aug. 2008.
[32] 永井靖浩, "ICカードシステムの現状と今後の展望," 信学誌, vol.85, no.6, 2002.
[33] 山本英明, 五郎丸秀樹, 池田 実, 庭野栄一, "ISO/IECにおけるICカード関連技術の標準化動向," NTT技術ジャーナル, vol.19, no.4, pp.64-67, April 2007.
[34] "JICSAP ICカード仕様 V2.0 別冊 (参考)；改版内容の解説," ICカードシステム利用促進協議会, 平成13年7月.
[35] IPA, "平成11年度 スマートカードの安全性に関する調査," IPA調査報告書, 平成12年2月29日, http://www.ipa.go.jp/security/fy11/report/contents/crypto/crypto/report/SmartCard/index.html
[36] 苅部 浩, "トコトンやさしい非接触ICカードの本," 日刊工業新聞社, 2003.
[37] アスキー書籍編集部, "モバイルFeliCaプログラミング," アスキー, 2006.
[38] "日本における電子決済の現状と最新動向2008," ネット決済専門委員会平成20年度調査報告書, 日本電子決済推進機構, 2009.
[39] "国内クレジットアプリケーションICカード仕様書 V1.1," 国内クレジットアプリケーション検討協議会, 2002.

第 3 章　本人認証の基本技術

- [40] "全銀協 IC キャッシュカード標準仕様（第 2 版），"全国銀行協会，2006．
- [41] 田村裕子，宇根正志，"金融取引における IC カードを利用した本人認証について，"金融研究，vol.25，別冊 no.1，pp.73-131，Aug. 2006．
- [42] 田村裕子，廣川勝久，"リテール・バンキング・システムの IC カード対応に関する現状とその課題，"金融研究，vol.26，別冊 no.1，pp.101-127，Aug. 2007．
- [43] 田村裕子，宇根正志，"IC カードを利用した本人認証システムにおけるセキュリティ対策技術とその検討課題，"金融研究，vol.26，別冊 no.1，pp.53-100，Aug. 2007．
- [44] 中野祐二，"よくわかる！「個人情報」と「個人認証」，"ソフトバンクパブリッシング，2004．
- [45] Richard E. Smith 著，稲村雄監訳，"認証技術　パスワードから公開鍵まで，"オーム社，2003．
- [46] 宮地充子，菊池浩明，"IT Text　情報セキュリティ，"オーム社，2003．
- [47] 岡本龍明，山本博資，"シリーズ／情報科学の数学　現代暗号，"産業図書，1997．
- [48] 岡本栄司，"暗号理論入門，"共立出版，1993．
- [49] 小松文子，岩西寿之，河津正人，最所　勝，肥田野守光，伊東真佐，"PKI ハンドブック，"ソフト・リサーチ・センター，2000．
- [50] IPA，土井範久監修，"情報セキュリティ教本，"実教出版，2007．
- [51] IPA，"PKI 関連技術解説，V1.05，"IPA セキュリティセンター，2002．
- [52] ECOM，"属性認証ハンドブック，"JIPDEC 電子商取引推進センター，2005．
- [53] G. Ateniese, J. Camenisch, M. Joye, and G. Tsudik, "A Practical and Provably Secure Coalition-Resistant Group Signature Scheme," Advances in Cryptology-CRYPTO 2000, Mihir Bellare. California, USA, 2000.
- [54] 中村　徹，ウッデンモハマッドメスバ，馬場謙介，安浦寛人，"個人情報保護の視点からの認証システムの検討，"SCIS，2007．
- [55] 加藤岳久，岡田光司，吉田琢也，"匿名認証技術とその応用，"東芝レビュー，vol.60，no.6，pp.23-27，2005．
- [56] 佐古和恵，米沢祥子，古川　潤，"セキュリティとプライバシを両立させる匿名認証技術について，"情報処理，vol.47，no.4，April　2006．
- [57] 金子以澄，"アイデンティティ管理の『現在・過去・未来』，"KIS 2009，Nov. 6 2009，http://kantarainitiative.org/confluence/download/attachments/37749420/091106_ki_japan_conference_2009_03_kaneko.pdf
- [58] 高橋健司，"アイデンティティ管理の現状と今後，"信学誌，vol.92，no.4，pp.287-294，April　2009．
- [59] 高橋健司，"アイデンティティ管理技術の最新動向，"IISEC セミナー，2007 年 11 月 30 日．
- [60] Liberty Alliance Project，「リバティ・アライアンス」記者説明会，2007 年 6 月 14 日．
- [61] 高橋健司，"カンターラ・イニシアチブのあらまし，" KI Launch Seminar，2009 年 7 月 14 日．
- [62] 畠山　誠，"SAML 2.0 アイデンティティ連携技術，"第 1 回 Liberty Alliance 技術セミナー，2008 年 2 月 15 日．
- [63] "SAML V2.0, OASIS Standard," 15 March 2005, http://saml.xml.org/saml-specifications#samlv20
- [64] 田　辺　茂　也，"Windows CardSpace," http://wiki.projectliberty.org/images/2/22/LADay_2008_Panel_Shigeya.pdf
- [65] Keith Ballinger, et al., "Patterns for Supporting Information Cards at Web Sites: Personal Cards for Sign-up and Sign-In," Microsoft, Aug. 2007, http://www.identityblog.com/wp-content/resources/information_card_patterns.pdf
- [66] D. Recordon and B. Fitzpatrick, "OpenID Authentication 1.1," May 2006, http://

openid.net/specs/openid-authentication-1_1.html
[67] 田中　裕，板倉征男，"個人情報の階層的分類," SCIS 2005，Jan. 2005.
[68] M. Jakobsson, K. Sako, and R. Impagliazzo, "Designated verifier proofs and their applications," Proc. EUROCRYPT 1996, LNCS1070, 1996.
[69] 電子情報通信学会編，"情報セキュリティハンドブック," オーム社，2004.
[70] 辻井重男，"暗号－ポストモダンの情報セキュリティ－," 講談社選書メチエ，講談社，1998.
[71] "特集　電子社会を推進する暗号技術," 情報処理，vol.45，no.11，Nov. 2004.

第4章

応用システム

4.1 電子申請・電子申告サービス

（1）概　要

　電子政府における電子申請・電子申告・電子入札などのサービスは，広く国民にサービスを提供するためにインターネットを中心とした情報通信ネットワーク上で提供されている．インターネットは，いつでもだれでもどこからでも利用できる反面，不正アクセスなどのセキュリティリスクを伴っている．そこで，政府は，インターネット上での安心・安全な電子政府サービスを提供するため，本人認証としてカード認証基盤と電子認証基盤を導入している．

　図 **4.1** に公共系電子認証基盤と電子政府サービスの構成を示す[1]．

（a）政府所轄の認証局　　公共系電子認証基盤の最も基本的な認証基盤は，中央省庁の組織認証のため官職証明書を発行する政府認証基盤（GPKI），地方公共団体の組織認証のため官職証明書を発行する地方公共団体に係る組織認証基盤（LGPKI），及び公的個人認証サービス（JPKI）である．

　公的個人認証サービスは，地方公共団体が住民を認証するための電子証明書を発行するサービスである．その電子証明書は，住民登録されている満15歳以上（成年被後見人を除く）に発行され，カード認証基盤として提供され

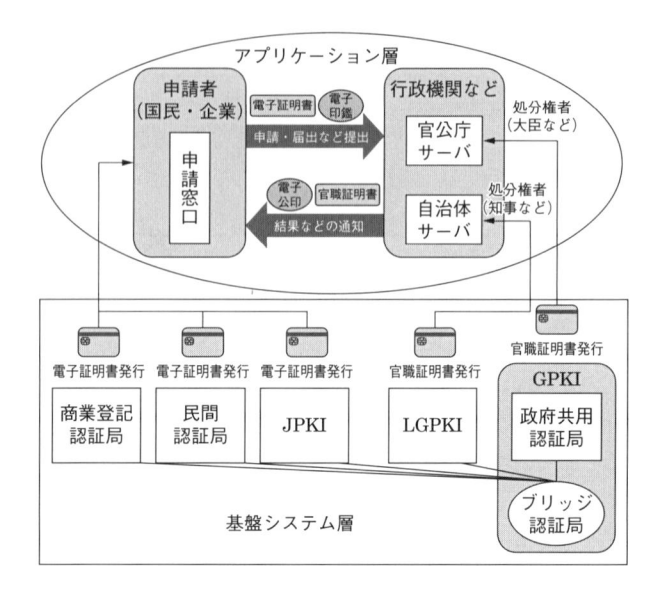

図 4.1 公共系認証基盤と電子政府サービスの構成

ている「住民基本台帳(住基)カード」に搭載される.

この基本的な認証基盤を利用して,税電子申告(e-TAX)サービス,自動車保有関係手続のワンストップサービス,特許庁電子出願サービスなどの電子申請・電子申告などのサービスが提供されている.

一方,「企業用の電子証明書」には,法務省(電子認証登記所)が発行する「商業登記の電子証明書」があり,企業が行う電子申請や電子申告,一部の電子入札などで利用されている.

「企業用の電子証明書」には「商標登記の電子証明書」以外にもう一つ,現在,最も利用されている「電子入札用の電子証明書」がある.

電子入札システムには,いくつか種類があるが,現在,主流になっているのは「コアシステム」と言われるもので,多くの省庁や自治体で主に公共事業(工事)の政府調達で利用されている[2].

「コアシステム」の電子入札で利用できる電子証明書は,民間企業などが運営する民間認証局から発行されており,ICカードに搭載されて利用される.

「電子入札用の電子証明書」は,最近では電子入札だけでなく,ほかの電

子申請などでも利用されるようになってきた．

（b）公的に利用される民間認証局　電子申請・電子申告では基本的に政府が管轄する認証局が利用されるが，民間の認証局が利用される場合もある．以下に，代表的な二つのケースについて説明する．このような民間認証局は，公的資格を認証する認証局なので属性認証局と言うこともできる．

① **士業の代行サービス**：実際の社会では各種の申請や申告手続において，業務が煩雑であるなどの理由から，通常，本人に代わって「士業」が手続業務を代行している．「士業」には，税理士，行政書士，司法書士，土地家屋調査士，社会保険労務士，弁理士などの公的資格がある．

同様に，電子申請や電子申告の手続においても，実世界と同様に「仕業」による代行手続業務が必要となるが，その場合，「仕業」を証明する電子証明書が必要となる．

その電子証明書は，各「士業」が所属している組織団体が第三者認証機関として独自に認証局を立ち上げて発行している．また，電子申請・電子申告などで利用するために，各「仕業」用の認証局は政府認証基盤（GPKI）のブリッジ認証局と相互認証による連携を行っている[3]～[6]．

② **医療従事者による電子署名サービス**：「士業」以外の「公的資格者向けの電子証明書」として，「ヘルスケアPKI（HPKI）認証局」から発行されるICカード格納の「医療従事者用の電子証明書」がある．医師ら（薬剤師，看護師，理学療法士など）は，これを利用して電子署名を行うことが可能で，電子申請などで必要となる診断書などの電子化に役立つことが期待されている．

ここで，保健医療福祉分野の電子認証基盤は，「厚生労働省HPKI認証局」がルート（トップ認証局）になっており，医療従事者に対して電子証明書を発行するのは，医師会などが運営する「ヘルスケアPKI（HPKI）認証局」である[7]．

（c）カード認証基盤　カード認証基盤の代表格としては，「住民基本台帳（住基）カード」がある．これについては，後述する（2）「住民基本台帳サービス」の中で詳しく説明する．それ以外のICカード認証を利用する公的な身分証明書としては，運転免許証やパスポート（旅券）などがある．

現在検討中のものも含めて，以下に列挙する．

この中で，ICカード免許証，IC旅券（電子パスポート），国家公務員ICカードは既に導入済みだが，今のところ，これら三つのICカードには「電子証明書」は格納されていない．

① **ICカード免許証**：「ICカード免許証」の発行は2007年1月に始まり，現在，運転免許保有者数は2008年末で約8,045万，新規の運転免許証交付件数は年間で約126万件となっている[8],[9]．

② **IC旅券（電子パスポート）**：「ICカード」の形態ではないが，パスポート（旅券）もIC化（冊子の中にICチップが埋め込まれている）され，2006年3月から発行されている．パスポートの2008年の年間発行冊数は約380万，有効旅券数は約3,194万冊であり，そのうちIC旅券発行数は1,145万冊に達して約1/3がIC旅券となっている[10]．

③ **国家公務員ICカード**：「国家公務員ICカード」は国家公務員の身分証明書をICカード化したもので，入退管理やログイン認証と言った利用を想定して，2005年度から順次導入（内閣官房・内閣府，防衛庁（現在は防衛省），外務省，経済産業省など）されている．処分権限のある大臣らには，既に政府認証基盤（GPKI）から官職証明書（電子的な「公印」として機能）が発行されているが，今のところ国家公務員ICカードとの連携は考えられていない[11]．

④ **在留カード**：国際テロなどの犯罪対策や不法滞在者対策の一環として，現行の外国人登録制度（地方自治体）を入国管理制度（法務省）に一元化することで，外国人管理の効率性や実効性を高めようという政府方針にのっとり，2009年7月15日に新たな在留管理制度が公布された．公布日から3年以内の政令で定める日から施行されることになっている．

新たな在留管理制度の導入に伴い交付される「在留カード」は，日本に滞在する外国人に付与される「在留許可」を証明する写真付きカードで，氏名，生年月日，性別，国籍，住居地，在留資格，在留期間などが券面記載される．また，偽変造防止のためICチップを搭載し，券面記載事項の全部または一部が記録される[12]．

⑤ **社会保障カード**：社会保障カード（仮称）とは，年金手帳，健康保険証，

介護保険証という三つの役割を1枚のICカードに集約させたもので，2011年度（平成23年度）の導入を目指し，具体的な検討が進められている仕組みである．これにより，利用者の利便性の向上や，保険者，医療機関や介護サービス事業者などのサービス提供者，行政機関の事務負担軽減と言った効果があるとされている．

社会保障分野のICカード活用については，2006年の検討の初期段階では個人の健康情報の閲覧・管理に使用する「健康ITカード」として検討が行われてきたが，2007年以降は，年金記録に対する信頼回復と新たな年金記録管理体制の確立に向けて，年金記録を適正かつ効率的に管理できる年金手帳の役割も持たせた複合的な社会保障カード（仮称）として検討が進められている．現在公開されている情報からは，「高機能ICカード＋PKI電子証明書」で実現する方向で検討が進んでいる[13]．

（2） 住民基本台帳サービス

住民基本台帳は，市町村の住民について，住民の居住関係の公証，選挙人名簿の登録，その他の住民に関する事務処理の基礎となる台帳である．個人または世帯単位に氏名，生年月日，性別，世帯主の氏名と世帯主と続柄，戸籍の表示，住民となった年月日，住所，転入者の届出期日，選挙人登録，国民健康保険の被保険者，介護保険の被保険者，国民年金の被保険者，児童手当の支給を受けている者の資格に関する事項など記載した住民票を集めたもので，住民基本台帳法で定められている．

1999年8月には，「住民の利便を増進するとともに，国及び地方公共団体の行政の合理化に資するため，住民票の記載事項として新たに住民票コードを加え，住民票コードを基に市町村の区域を越えた住民基本台帳に関する事務の処理及び国の機関等に対する本人確認情報の提供を行うための体制を整備し，あわせて住民の本人確認情報を保護するための措置を講ずること」を目的に改正住民基本台帳法が制定され，住民基本台帳ネットワークシステム（以下，「住基ネットワークシステム」と言う）が運用されている[14]．

住基ネットワークシステムの実現事項は，以下の三つである．
- ●市町村の区域を越えた住民基本台帳に関する事務の処理
  - ・住民票の写しの広域交付：全国どこの市町村でも住民票の写しの交付

ができる
- ・転入転出の特例処理：「付記転出届」を転出地市町村に郵送すれば，転入地市町村窓口に1回出向いて住民基本台帳カードを添えて転入届を提出するだけで済む

●法律で定める国の行政機関などに対する本人確認情報の提供
- ・継続的に行われる給付行政（恩給／共済年金／遺族年金／児童扶養手当などの支給）
- ・資格付与の分野で国民に関係が深い行政事務

●住民基本台帳カード（ICカード）の活用

　既存住基システムは，市町村ごとに独立したシステムであって，ほかの市町村とは，オンラインでは接続されていない．したがって，既存住基システム同士でオンライン情報交換は行っていない．

　住民登録・変更手続による既存住基システムのデータベースの更新処理は，住民が当該の市町村に出向いて窓口で，住民登録・変更の手続処理を行うことにより行う．例えば，住民が住所移転した場合には，転出する市町村と転入する市町村のそれぞれの窓口に行って変更手続処理を行う．

　一方，住基ネットの導入によって，これまでの転出・転入の2回の窓口手続を，転入時の1回の手続で済ませることができるようになった．その場合には，転出側市町村は，転入側市町村の既存住基システムから住基4情報の変更情報を住基ネット経由で情報転送してもらう．このとき，住基ネットの各センターのデータベースも同時に更新する．

　情報転送の流れは，後述する図4.3の住基ネットワークシステムの構成の中を次のように流れる．

　　　『転入側既存住基システム → 転入側市町村CS → 転入側都道府県センター → 全国センター → 転出側都道府県センター → 転出側市町村CS』

　住基ネットから既存住基システムへの情報転送はセキュリティの観点から禁止されている（つまり，既存住基システムと住基ネットとの情報転送は一方向のみ許可されている）ので，転出側市町村では，市町村CSから転送されてきた住基4情報の変更情報をプリントして，それを入力情報として転出

側既存システムのデータベースの更新処理を行う．

（a）**住民基本台帳カードの利用方法**　住民基本台帳カードは，住民の申請により住民居住地の市町村長が交付する．以下，住民基本台帳カードについて説明する[15]．

カードに記録される情報は，次のとおりである．

・氏名，住民票コード，生年月日，性別
・パスワード
・公開鍵暗号方式に対応したカード固有の鍵情報

カードの表面に記載する事項は2種類ある．図 **4.2** に住民基本台帳カードを示す．カードの有効期限は10年間である．ただし，写真付きのAバージョンを希望する20歳未満の者の有効期限は5年間である．

・Aバージョン：氏名，有効期限，交付地市町村名，住所，生年月日，性別，写真
・Bバージョン：氏名，有効期限，交付地市町村名

表 **4.1** に住民基本台帳カードの利用方法を示す．

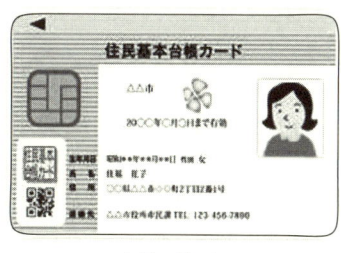

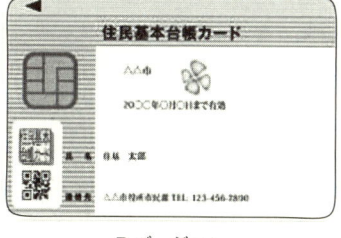

図 **4.2**　住民基本台帳カード[15]

（b）**住基ネットワークシステム**　住基ネットワークシステムの整備にあたっては，住民の個人情報を適切に送受信するために，市町村，都道府県及び指定情報処理機関それぞれの組織の役割・業務を明確にしておく必要がある．また，大切な個人情報が不正に漏れたり，消されたり，書き換えられたり，壊されたりしないように，高い信頼性・安全性を確保するため，最適なシステム機器をそれぞれの機関に導入している．ネットワークは信頼性確

表 4.1 住民基本台帳（住基）カードの利用方法

住基カードの利用方法	具体例
公的な身分証明書	写真付カードは運転免許証と同様に，公的な身分証明書として本人確認や年齢確認に活用できる
住基ネットサービス	住民票の写しの広域配布，転入転出手続の特例が受けられる
行政手続のインターネット申請	公的個人認証サービスの電子証明書を利用して，各種の電子申請・電子申告ができる
地域カードとしての利用	市区町村は条例で定めることにより，住基カードの多目的利用ができる（例えば，図書館カード，公共施設予約，地域通貨など）

保のため，インターネットは利用せず専用線を利用して構築している．また，市町村 CS（一部を除く），都道府県センター及び全国センターのネットワーク機器及び専用回線は二重化を行っている[16]．

コラム8　証明弱者

　自分が自分であることを証明することが，本書の基本テーマですが，金融機関などではなりすましなどを防止するため，本人確認が一段と強化されており，日常生活を送るにも公的な証明書の携帯が常に必要になっています．

　運転免許証，パスポート，住民基本台帳カード，国民年金手帳が代表例ですが，このほか健康保険証などがこれに続いています．

　しかし，それらの公的証明書をどれも持ち合わせない人，特に高齢者や専業主婦は証明弱者と言われるように自分を証明することが基本的に難しくなっています．体が衰え自らの足で金融機関に出向けなくなると『成年後見制度』などによる生活支援代行者に依存することになりますが，代行者になるには身分証明や本人との関係なども何らかの形で証することが必要で大変な作業となります．

　このように，証明弱者の問題は技術的な課題だけでなく，むしろプライバシーや個人情報管理のあり方の再定義から検討が必要な社会的課題であるといえます．

参考：FINCH HP, "証明弱者," http://www.finchjapan.co.jp/message/index_back.php?id=20070522115733
　　　Yahoo HP, "証明弱者," http://dic.yahoo.co.jp/newword?category=&pagenum=1&ref=1&index=2007000280

第4章 応用システム

　住基ネットワークシステムでは，全国センター，都道府県センター，及び市町村 CS に，「本人確認情報（すなわち，住基 4 情報，住基番号，及び付随情報＜変更日，理由のみ＞）」を重複して保管・登録する．

　都道府県センターには全国住民の本人確認情報，都道府県センターには当該都道府県住民の本人確認情報，市町村 CS には当該市町村住民の本人確認情報が保管・登録されており，住基 4 情報の変更があった場合には，既存の住基システムから CS に変更情報が通知されるので，関係する市町村 CS，都道府県センター，全国センターのデータベースも同時に更新される．

　住基ネットシステムが，市町村 CS を相互に接続するメッシュ構造ではなく，トリー構造としている理由は以下のとおりである．

① 改正住民基本台帳法の法律の中で，都道府県知事の事務，指定情報処理機関（公益法人の全国センター）の事務を規定しており，そこでは本人確認情報の取扱いを定めている．これを遵守するにはトリー構造が最適である．

② 各市町村の既存住基システムの運用（営業日）がばらばらであり，住基ネットシステムとして統一した運用をすることができないため，それとは独立に運用できるシステムとする必要がある．

③ 都道府県や国が行政目的のために住民の本人確認情報を利用できるように住基ネットシステムは設計されているが，その場合，住民が所属している市町村，都道府県以外の市町村，都道府県から自由にアクセスできないようにするには，構造的にトリー構造にしておくのがセキュリティ上，管理しやすく安全である．

　また，実際の設置場所は，それぞれの市町村，都道府県の情報システムの設置局所の中に置かれている．一方，全国センターは LASDEC が運用しているシステムセンターに置かれている．

　住基ネットシステムは，制度確立当初からプライバシー問題が国会やマスコミなどで取り上げられていたため，利便性よりもプライバシー保護を重視し，過度と言えるほどのセキュリティ対策が取られており，高信頼度で万全なシステムと言える．

　図 **4.3** に住基ネットワークシステムの構成を示す．

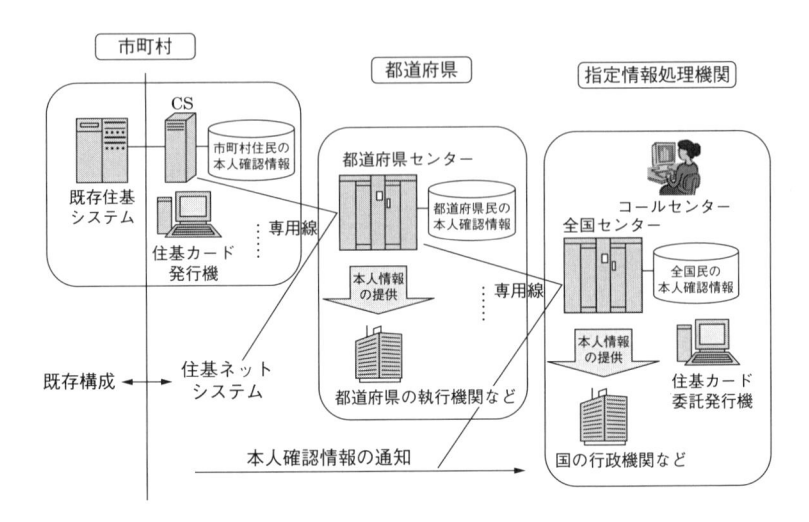

図 4.3 住基ネットワークシステムの構成[16]

（3） 公的個人認証サービス

なりすまし，改ざん，送信否認などのディジタル社会の課題を解決しつつ，電子政府・電子自治体を実現するためには，確かな本人確認ができる個人認証サービスを全国どこに住んでいる人に対しても安い費用で提供することが必要である．公的個人認証サービスは，その理念を実現するために 2004 年 1 月 29 日からサービスを提供している．サービスの特徴は，次のとおりである．

- 利用者が行政機関などに電子申請・届出などを行う際に利用する電子署名認証サービス
- 電子署名の仕組みには「秘密鍵」と「公開鍵」を用いる「公開鍵暗号方式」を採用
- 電子証明書の有効期間は 3 年間，発行手数料は 500 円

以下に，公的個人認証サービスの仕組みについて説明する．

公的個人認証サービスは，住民の保有する秘密鍵と公開鍵の鍵ペアが，その住民のものであることのお墨付きを与えるため，住民の公開鍵に対して電子証明書を発行する．このお墨付きの電子証明書は都道府県知事が発行するので，都道府県単位に CA（認証局）が設置されている．

電子証明書を発行する際には，電子証明書の発行に先立ち，本当に住民本人が申請しているかどうかの確認が必要である．この確認処理は，住民基本台帳データとの照合を必要とするため，住民基本台帳を管理している各市町村で実施するのが効率的である．そこで，認証局の機能から本人の実在性確認の処理を切り離して市町村で実施することとし，証明書の発行処理はそのまま都道府県で行うこととしている．

前者をRA（登録局），後者をIA（発行局）と称している．したがって，公的個人認証サービスのCAは，RAとIAから構成されている．

公的個人認証サービスの処理の流れを図4.4に示す[17]．

住民は市町村窓口に行って，公的個人認証サービスの申請書を窓口担当者に提出する．このとき，本人確認するため顔写真付きの公的証明書（運転免許証など）の提示が求められる．本人確認が完了すると，所持している住民基本台帳カードを窓口担当者に渡して，住民基本台帳カード内に格納されている住基4情報（氏名，住所，性別，生年月日）と住民基本台帳に記載され

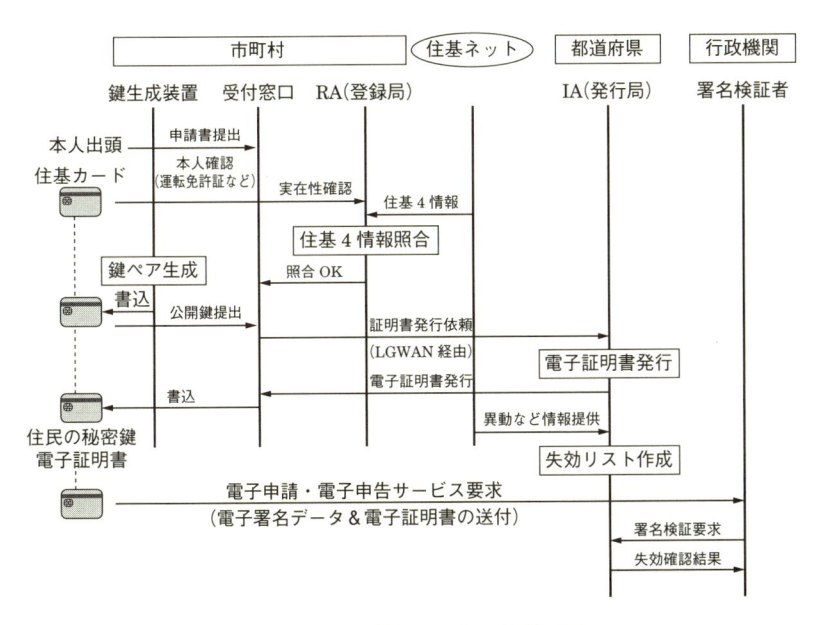

図4.4 公的個人認証サービスの処理の流れ

ているデータとの照合処理が RA で行われる．照合確認が正常に終了すると住民基本台帳カードが返されるので，住民は鍵生成装置にその住民基本台帳カードを挿入して鍵生成装置が生成する秘密鍵・公開鍵の鍵ペアを住民基本台帳カードに書き込む．鍵ペアが書き込まれた住民基本台帳カードを再度，窓口担当者に渡す．窓口担当者は，住民基本台帳カードに格納されている公開鍵に対する証明書の発行を IA に依頼する．IA は電子証明書（すなわち公開鍵証明書）を発行して，住民基本台帳カードに格納する．

　また，結婚で名前が変わったり，住所変更があったり，死亡したり，盗難・紛失の届出があった場合には，利用している住民基本台帳カードの秘密鍵・公開鍵の鍵ペアは利用できなくなり，再発行する必要がある．再発行をせずに利用されるのを防ぐため，CA は失効リストを作成して，行政機関から署名検証を求められた場合に失効確認ができる仕組みを用意している．

コラム 9　住民基本台帳カードで電子納税や特許出願

　国税庁は，2007 年度から電子納税（e-Tax）を進めていますが，利用時 5,000 円の税額控除などの効果もあり，徐々に利用が広まっています．

　電子申請に必要な電子署名用の秘密鍵を入れた住民基本台帳カードの取得に 1,000 円とカードの読取装置に約 3,000 円掛かりますが，これにより在宅のままインターネットを使って電子納税を行うことができます．

　一方，特許庁は，2007 年 4 月から住民基本台帳カードなど電子証明書を利用する特許のインターネット出願を受け付けています．

　上記のような電子証明機能付きの住民基本台帳カードはディジタル署名できる機能を持つので，実印を押印することに相当することが原理的にできるわけで，電子納税や特許出願のように出願者の本人確認が必要な手続に対応できるわけです．

　なお，特許庁は住民基本台帳カードのほかに，日本商工会議所などの特定認証業務を手がける 10 機関の IC カードや法務省電子認証登記所発行の電子証明書などを使った特許インターネット電子出願を受け付けています．

出典：国税庁 HP，"平成 20 年度における e-Tax の利用状況について，" http://www.e-tax.nta.go.jp/topics/20pressrelease.pdf
　　　特許庁 HP，"インターネット出願の概要，" http://www.inpit.go.jp/pcinfo/news/pdf/21pc_outline_text.pdf

（4） e-Tax サービス

　e-Tax サービスは，国税に関する申告，納税及び申請・届出などの各手続をインターネットを通して行うサービスである．

　申請・届出する書類は電子データとして送付するため，それが改ざんされていないこと，また，それを提出する人が本人であることを証明するために電子署名の技術を利用している．

　電子署名に使う秘密鍵は，公的個人認証サービスで住民基本台帳カードに書き込まれた住民の秘密鍵を使う．また，この秘密鍵の所有者を認証するために電子証明書（秘密鍵と対で使われる公開鍵の所有者を証明する証明書）を添付する．電子証明書は，運転免許証やパスポートのような役割をしている．この電子証明書も，公的個人認証サービスで住民基本台帳カードの中に書き込む．

　e-Tax サービスの申請手続は，申請に先立って行う事前手続処理と実際の申請手続から構成される．また，申請手続には，一般の申告・申請などの手続と納税のための手続が存在する．

　以下に，その手続の処理の流れを説明する[18]．

（a）申告・申請等手続の流れ　　e-Tax サービスの申告・申請などの手続の処理の流れを図 **4.5** に示す．

　事前の手続では，e-Tax を利用するための開始届出書の提出と登録処理，利用者識別番号の取得が必要である．また，利用者 PC に，e-Tax ソフト及びルート証明書のダウンロードを行う必要がある．そして，e-Tax ソフトを起動して利用者ファイルを作成し，e-Tax 受付システムに利用者ファイルを送信するとともに，納税者確認番号（暗証番号）などの登録や電子証明書の登録などを行う．

　申告・申請等手続では，まず，利用者 PC 上で申告・申請等データを作成し，住民基本台帳カードを用いて電子署名を行う．次に，事前の手続で取得した利用者識別番号，暗証番号を用いてログインする．ログインが完了すると，電子署名付きの申告・申請等データの送信を行う．e-Tax 受付システムでは署名検証を行った後，受信データの確認チェック（納税者名，住所など）をして，問題がなければ利用者 PC に受付完了通知を発行する．利用者 PC

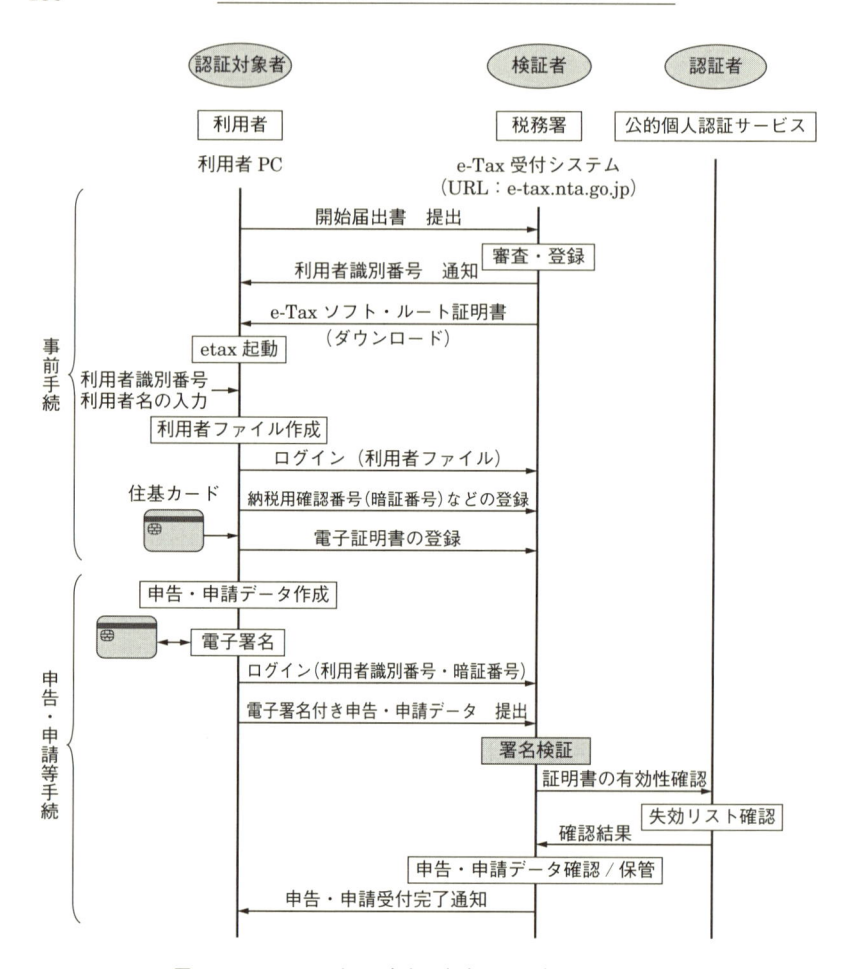

図 4.5 e-Tax サービスの申告・申請などの手続の処理の流れ

からは，時間経過後に，送信した申告・申請等データの再確認などを行うことができる．

　（b）　納税手続の流れ（インターネットバンキング利用の場合）　インターネットバンキングを利用した場合の納税手続の流れを図 4.6 に示す．

　納税情報データの作成を e-Tax 受付システムが受付完了するまでは，前述の申告・申請などの手続と同じである．申告・申請等手続が完了すると，納税手続の場合には納付区分番号などの通知があるので，納税者は収納機関番

第4章 応用システム

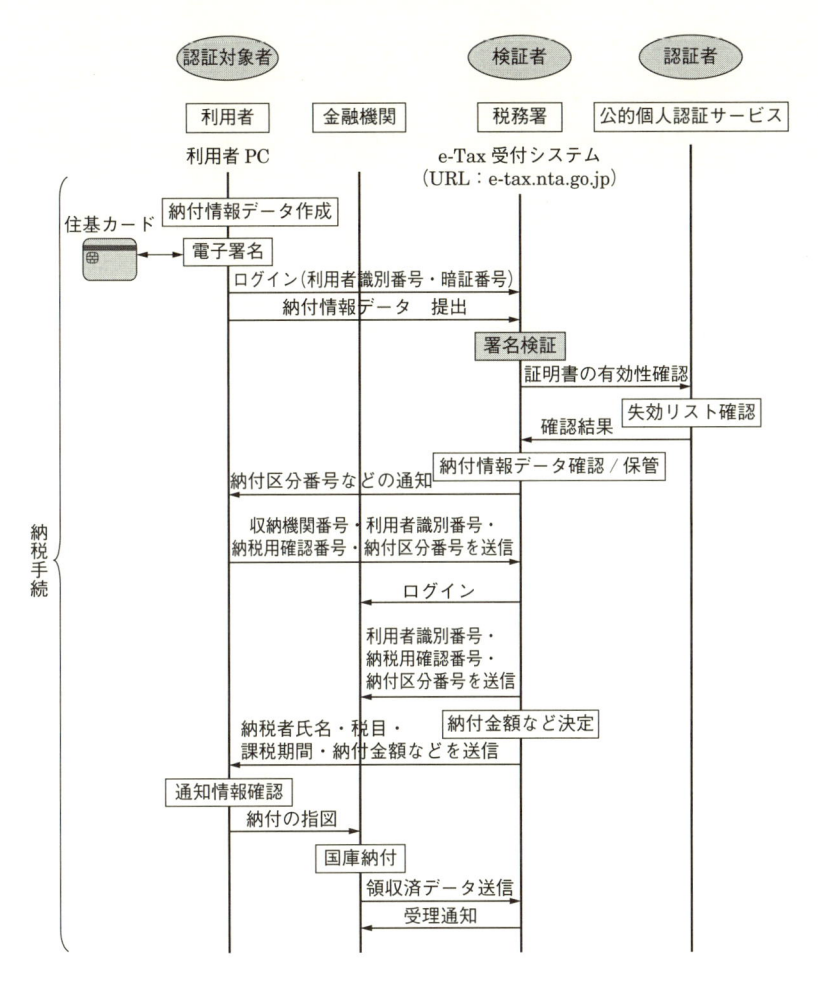

図4.6 インターネットバンキングを利用した場合の納税手続の流れ

号，利用者識別番号，納税用確認番号及び納付区分番号を送信する．

　e-Tax は，インターネットバンキングの ID・パスワードで金融機関にログインし，利用者識別番号，納税用確認番号及び納付区分番号を送信する．また，納税者に対しては，納税者氏名，税目，課税期間及び納付金額などを通知する．

　納税者は通知情報に誤りがないことを確認し，金融機関に納付を指図する．金融機関は国庫納付し，領収済データを e-Tax へ連絡する．e-Tax は領収済

データ受理の通知をする．

（5） 電子入札サービス

電子入札サービスは，国や地方自治体が発注する工事などの入札手続をインターネット上で行うシステムである．これにより，手続の透明性が増し，談合などの不正防止や競争性の向上による落札価格の適正化，事務費を始めとするコスト削減，インターネットでの国民への情報公開による住民参加などが期待できる．

一方，電子入札システムを各公共機関で独自に構築すると，開発費や維持費の増大を招いたり，画面や操作性などのユーザインタフェースが不統一となったりして応札者の利便性を損ねてしまう．

そのため，2002年4月よりUN/CEFACTにおいて日本が幹事国となって電子入札の国際標準化が進められ，2005年6月に電子入札国際標準・第1版（工事調達）が正式に承認され，2006年10月のUN/CEFACT FORUM（国際会議）では，工事調達を含むサービス（業務・役務），物品を対象とした拡張版の電子入札国際標準（第2版）が完成した．また，第1版（工事調達）は電子入札のプロセスに関する標準のみであったが，第2版ではデータ項目の標準と実装に関するXMLスキーマまですべて完成し承認された[19]．

現在，主流となっている電子入札システムは「電子入札コアシステム」と言われるものである．これは，国土交通省が策定した「CALS/EC地方展開アクションプログラム（全国版）」の趣旨にのっとり，公共発注機関での円滑な電子入札システムの導入を支援するため，複数の公共発注機関に適用可能な汎用性の高い電子入札システムで，多くの省庁や自治体で主に公共事業（工事）の政府調達で広く利用されている．

システムは，JACICとSCOPEが共同で開発・提供し，国の電子入札は，「電子入札施設管理センター（e-BISCセンター）」で一元的に管理運営されている[20]．

電子入札コアシステムの実現機能は，次のとおりである．

- ・入札公告，入札結果などの入札情報のWeb閲覧提供
- ・入札説明書・図面などの電子ドキュメント提供
- ・電子入札及び電子契約のネットワーク手続作業

第4章　応用システム

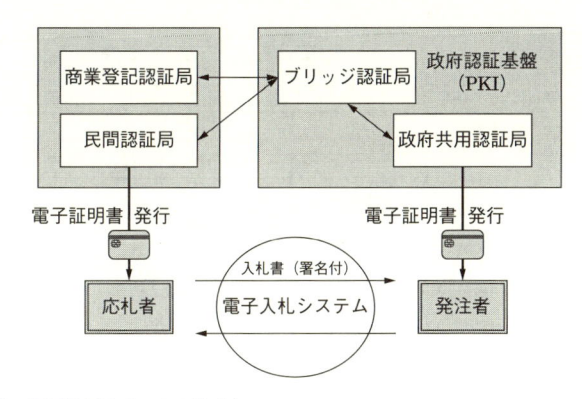

参照：CALS/EC ポータルサイト，http://www.cals.jacic.or.jp/tender
図 4.7　電子入札システムの構成

・電子入札及び電子契約の安全性や信頼性を確保するための電子認証

図 4.7 に電子入札システムの構成を示す．

応札者（企業や個人）と発注者（サーバ側）との間は，通信路上でのデータ盗聴を防止するため暗号通信が行われる．また，電子署名の署名検証を行うため，事前に，応札者は商業登記認証局から法人用の電子証明書，あるいは民間認証局から個人用電子証明書を発行してもらう．一方，発注者は政府共通認証局から官職証明書を発行してもらう．応札者と発注者の署名検証はブリッジ認証局が行う．

それでは，図 4.8 の電子入札サービスの手続の処理の流れに沿って電子入札の仕組みを説明する．

応札者と発注者は，事前に，電子署名に使う秘密鍵と公開鍵を生成して，それぞれが信頼する認証局に公開鍵を登録し，公開鍵の電子証明書を発行してもらう．

発注者から競争参加資格の公示があると，応札者は競争参加資格の申請を行う．発注者は応札者の資格審査を行い，合否結果を通知するとともに，合格者を資格業者名簿に登録する．

発注者側で具体的な入札案件が発生すると，発注者は入札内容に関して事前に応札者から参考資料などを入手する．それら資料を検討した上で，入札公告（入札仕様書）を発表する．

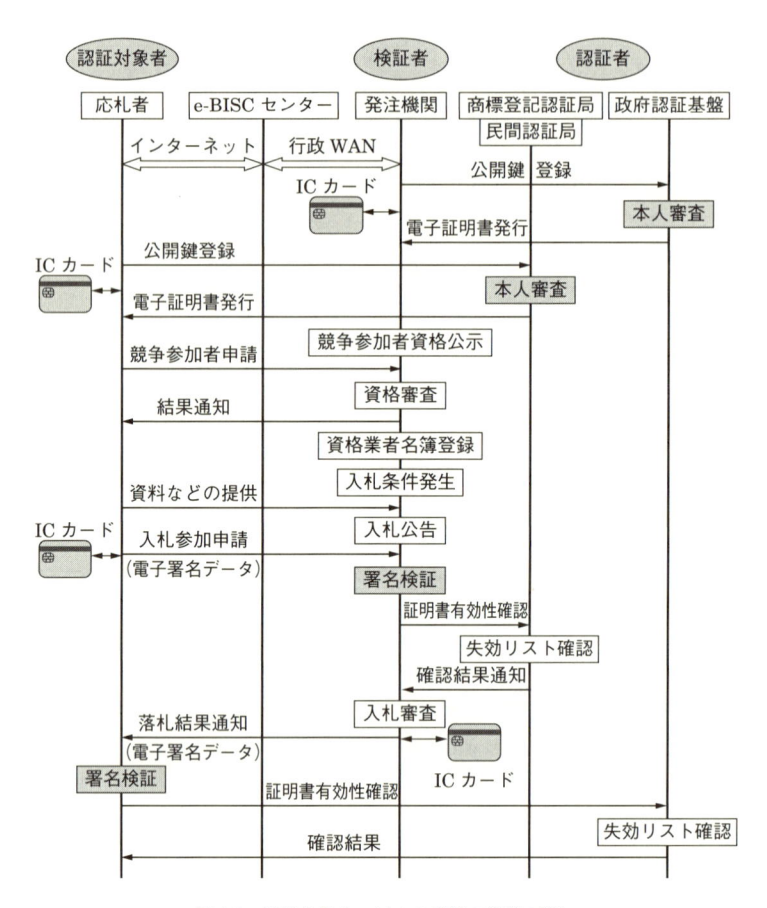

図 4.8 電子入札サービスの手続の処理の流れ

　応札者は，応札価格などを記入した入札参加申請書に電子署名をして，電子証明書と一緒に発注者に送付する．

　発注者は，電子署名が応札者本人かどうか署名検証すると同時に，電子証明書の有効性（既に失効していないか）を検証するためにブリッジ認証局に確認要求する．ブリッジ認証局は，応札者と発注者の信頼する認証局が相互認証できていることを確認し，また，確認要求された電子証明書が失効していないかどうかの確認結果を応答する．

　署名検証がOKで電子証明書の有効性が確認されると，入札参加申請書を

審査する．入札が締め切られると，落札者を決定し，落札結果に電子署名して応札者に通知する．

応札者は，発注者本人かどうかの署名検証と電子証明書の有効性検証を行って，結果通知を確認する．

（6） 自動車保有関係手続サービス

自動車を保有するためには，多くの手続（検査登録，保管場所証明申請など）と税・手数料の納付（検査登録手数料，保管場所証明申請手数料，保管場所標章交付手数料，自動車税，自動車取得税，自動車重量税など）が必要となる．それらの手続をオンライン申請で一括して行うことを可能にしたのが，「自動車保有関係手続のワンストップサービス」である．自動車保有関係手続のワンストップサービスの処理フローを図 **4.9** に沿って説明する[21]．

申請者（購入者本人や自動車販売店など）は，あらかじめ信頼する認証局から公開鍵の電子証明書を取得する．

自動車保有関係手続のワンストップサービスシステム（サーバ）は，政府共用認証局が発行するサーバ証明書を取得する．申請者とサーバとの間は，盗聴やサーバのなりすましなどを防止するためにSSL暗号通信によって通信の安全を確保している．

また，本システムは，申請情報の入力や電子署名などの機能をアプレット（ブラウザにダウンロードされ，実行されるJavaプログラム）を利用して実現しており，アプレットを申請者のブラウザで安全に実行するためアプレットに電子署名を行っている．このアプレットに電子署名を行うための証明書（アプレット署名証明書）は，政府共用認証局で発行している．

自動車購入が発生すると申請者は，パソコンなどで申請書を作成し，ICカードをセットして申請書に電子署名し，電子証明書と一緒に署名付き申請書をワンストップサービスシステムに送付する．

ワンストップサービスシステムでは，申請者本人かどうかの署名検証と電子証明書の有効性検証を行って，申請データ内容を確認して受付完了通知を返す．そして，申請データ内容に従って所轄の行政機関（警察署，運輸支局，都道府県税事務所など）と事務処理を行う．また，電子決済機関経由で電子納付が必要な場合には，申請者にID・パスワードの入力要求をした上で電

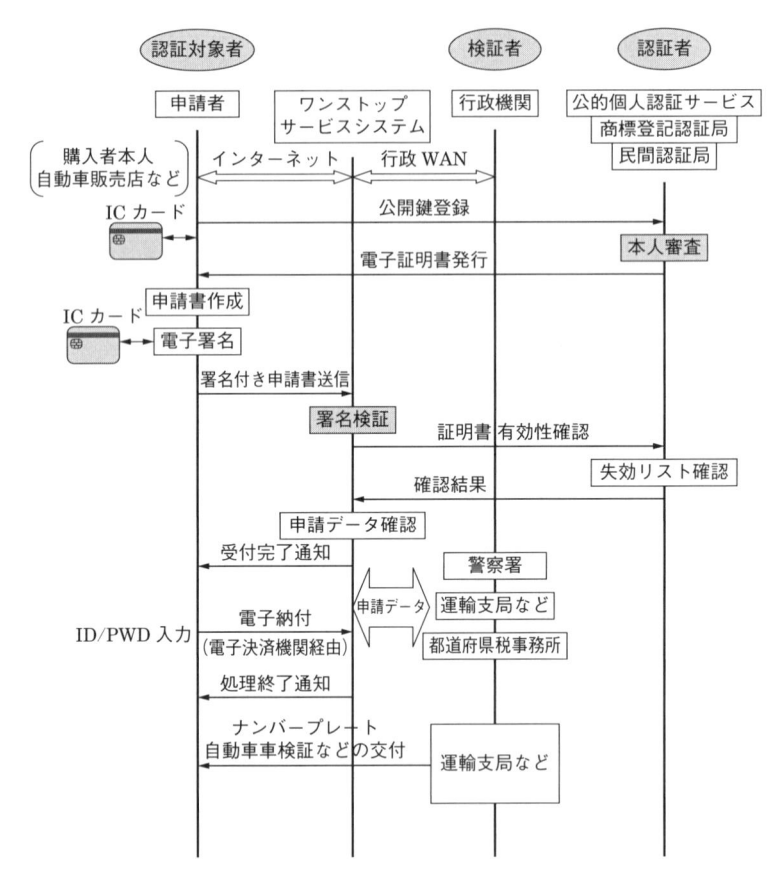

図 4.9 自動車保有関係手続のワンストップサービスの処理フロー

子納付処理を行う.

申請データの一連の処理が終了すると，処理終了通知が申請者に通知される．後日，運輸支局などからナンバープレート，自動車車検証などが公布される．

そして，2007年11月26日からは，自動車保有関係手続のワンストップサービスの利用促進策として，新車購入者は従来どおり電子委任状なしに紙の印鑑証明書などを活用した申請を可能とし，代理申請者は継続してワンストップサービスによる電子申請のメリットを享受できるようになっている[22].

4.2 電子商取引・決済サービス

(1) インターネットバンキング決済サービス

インターネットバンキング決済は，事前に登録したID・パスワード入力による決済方法である．ID・パスワードを送信する場合には，通信路は暗号化されたSSLプロトコルを利用している．しかし，インターネットバンキングでは，ID・パスワードのみの認証ではフィッシング詐欺などに対するセキュリティは十分ではない．このため，ID・パスワードにほかの仕組みを加えて本人を判別する二要素認証が普及している．

米連邦金融機関調査委員会（FFIEC：The Federal Financial Institutions Examination Council）では，2005年10月に「インターネットバンキング環境における認証（Authentication in an Internet Banking Environment）」に関するガイドラインを公表して，米国の五つの金融関連機関に対して2006年末までに，すべてのオンラインバンキングに対して二要素認証の導入を義務付けている[23]．

その結果，インターネットバンキング決済サービスでの二要素認証が急速に普及した．バンクオブアメリカでは，PassMarkSecurity社（RSAに買収）のSitekey（フィッシングの対策技術）の製品を利用した二要素認証を行っている．これは，ID・パスワードによる認証に加えて，質問や画像による認証を行うものである．すなわち，利用者がインターネットバンキングの登録時に，①画像，②選択した画像に対する短いコメント，③簡単な質問に対する回答を設定することで，ログイン入力後，①画像，②選択した画像に対する短いコメントが表示される仕組みである．これによって利用者は，インターネットバンキングのWebサイトが正規のサイトであることを確認できる．また，利用者が登録時とは異なるパソコンからログインしようとすると，③簡単な質問に対する回答を求められる仕組みとなっているため，悪意ある第三者からの不正アクセス防止にも役立っている．

日本国内でも，インターネットバンキングの二要素認証は始まっている．三井住友銀行とジャパンネット銀行では，RSAセキュリティのワンタイムパスワードトークン「Secure ID」を採用している．また，三菱東京UFJ銀行

では，ICカードとワンタイムパスワードを組み合わせた認証を行っている．これは，ICカードの裏面に記載されている確認番号表からインターネット画面で毎回指定される確認番号を入力するタイプのワンタイムパスワード認証である．

このように，利用者が自分のパソコンを使うインターネットバンキングでは，比較的安価で容易なワンタイムパスワード認証を利用した二要素認証が普及しており，専用リーダが必要なバイオメトリック認証は導入が進んでいない．

一方，銀行ATMの決済サービスでは，銀行側で設置するATM装置のためバイオメトリック認証が導入しやすく，一歩進んだ三要素認証の導入が始まっている．すなわち，第一の要素認証にはキャッシュカード（所持認証），第二の要素認証にはパスワード（知識認証），第三の要素認証にはバイオメトリック（生体認証）が利用されている．

これについては，本章4.3節のバイオメトリック認証サービスで詳しく説明する．

（2） クレジットカード決済サービス

1996年にMasterCardとVisaによる統一規格として発表されたSET（Secure Electronic Transaction）は，手続やプログラムのインストールなどが煩雑であったため，消費者に受け入れられず普及しなかった．そこで，新たに「3D Secure」が登場し，現在，業界標準として利用されている．

「3D Secure」は，オンライン決済時に，発行カード会社に事前登録したインターネット専用パスワードを利用して，レシート画面が表示されたタイミングで利用者が専用パスワードを入力し，発行カード会社が直接本人確認・認証することで，盗難カードなどによる不正利用を防止する仕組みである．

「3D Secure」は国際クレジットカードブランド3社が推奨する電子商取引上の本人認証スキームであり，クレジットカードブランドによってサービス名称が異なり，Visaは「VISA認証サービス」，JCBは「J/Secure」，MasterCardは「SecureCode」と称している[24]．

クレジットカード決済では，まず，商品を購入する際に，カード情報（16桁のカード番号や有効期限など）を直接入力する．カード情報はSSLで暗

第4章 応用システム

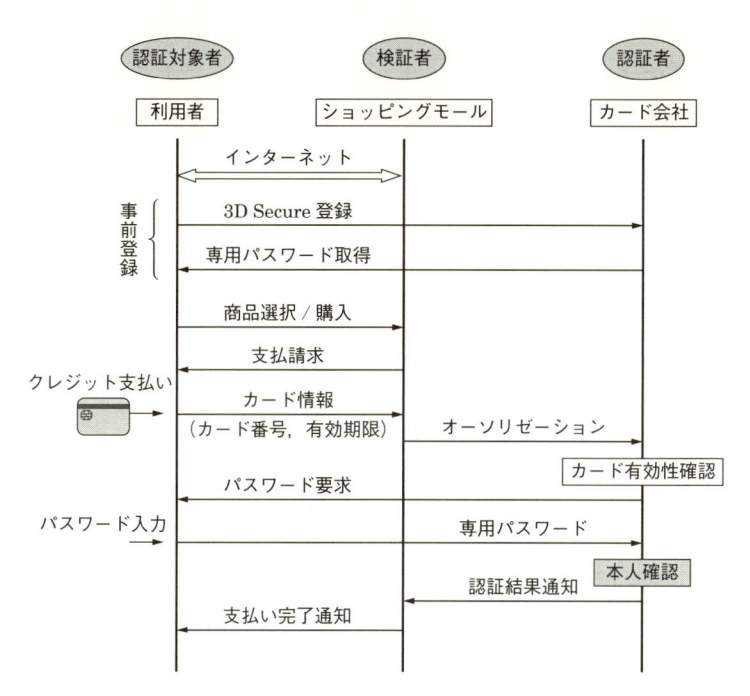

図4.10 クレジットカード決済サービスの3D Secure認証処理フロー

号化して送信される．カード情報のオーソリゼーション（与信照会）が完了すると，さらに，3D Secure 認証を行う．図 **4.10** に処理フローを示す．

また，レシート画面で入力する専用パスワードをIC クレジットカードによって生成されたワンタイムパスワードに置き換えることによって，更にセキュリティ強化が可能である．

（3）　その他の決済サービス

（a）　コンビニオンライン決済サービス　　通常のコンビニ決済は，事業者が支払伝票を印字し，商品と同梱の上郵送する形を取るが，伝票作成・発送のコスト負担や，支払期限切れのため再発行作業，未回収の危険性などのデメリットがある．

「コンビニオンライン」は，利用者がWeb上で注文すると，ブラウザ上に支払情報が表示され，利用者が表示された支払用情報を使いコンビニ店頭で

支払いするサービスである.

（b） 電子マネー決済サービス　　Edy など様々な電子マネー決済サービスを提供する．プリペイド式のため使いすぎることもなく，利用者にとって安心して使える決済方法である．

4.3　バイオメトリック認証サービス

本節では，バイオメトリック認証を使った出入国管理サービス，入退室管理サービス，銀行 ATM サービスなどについて説明する．

（1）　電子パスポート

電子旅券，すなわち通称，電子パスポートとしての IC 旅券（e-Passport）は，所持者の①氏名，②生年月日，③顔写真の画像，④外務大臣の署名などを IC チップに組み込んだ旅券であり，国連の専門組織である ICAO（国際民間航空機関）が世界の旅券の標準化を推進している．電子パスポートに保持する生体情報としては，顔画像を必須とし，指紋，虹彩画像情報をオプションとすることが勧告されている．また，生体情報認証方式の国際標準化活動が ISO（国際標準化委員会組織）の場で進められている．

日本では，2004 年に電子パスポート基本仕様書を公開し，2006 年 3 月より発給している．2007 年末までに 765 万冊の実績を有し，その後も電子パスポートが発給されている．諸外国では，米国，欧州を中心に約 40 か国が電子パスポートを発給している．

図 4.11 のように，電子パスポートは一見従来のものと変わらないが，中を開くとやや硬めのページがあり，RFID・IC チップやループアンテナが封じ込められた薄いプラスチックカードが入っている．

電子パスポートによる入出国審査時の本人認証フローは，図 4.12 の右側の RFID 存在：Yes の分岐をたどって行われる．

①　パスポートのセキュリティ要件確認を目視で行う．

②　RFID から読み取ったディジタル署名の有効性を調べ，有効なら MRZ（Machine Readable Zone：機械読取領域）から読み取った身分事項ページの記載内容（姓名，国籍，性別，生年月日，旅券番号，有効期間満了日など）の情報と比較し，パスポートが改ざんされたものでない，

第 4 章　応用システム

① プラスチックカード
② ループアンテナ
③ IC チップ
がこのページに埋め込まれている

図 4.11　日本の電子パスポート（2006 年 3 月 20 日より発給）

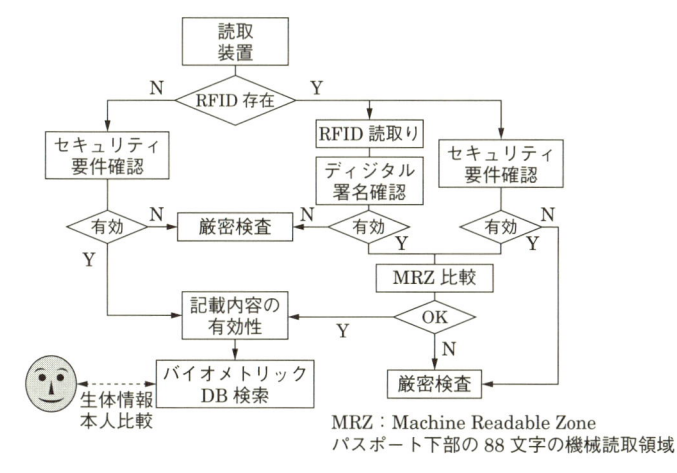

MRZ：Machine Readable Zone
パスポート下部の 88 文字の機械読取領域

MRZ の記載事項：姓名，国籍，性別，生年月日，旅券番号，有効期間満了日などで同じ情報が RFID にも記録される．

図 4.12　電子パスポートによる本人認証のフロー

有効なものであることを確認する．OK なら審査官の手元のディスプレイ上に写し出された RFID チップの顔写真画像情報と実物の本人を比較する．

③　印刷技術によるパスポートの記載事項や写真の差換えなどの不正行為は，上記のプロセスの中でチェックされる．

電子旅券の基本的な機能は，搭載しているRFID・ICチップの情報を読み取って本人認証を支援することによって「発給国政府が確かにその旅券を発行したもの」であって，「身分事項の改ざんやなりすましが行われていないもの」であることを判定することである．

　また，初登録する人についても，ブラックリストに登録されている情報と1対nの照合を行うことでテロリストや指名手配者の水際防止対策を行い，一方ではリピータ事案の防止を行うことに寄与する．

　今までは，もっぱら審査官の目で記載内容をすべて読んで照合していたが，機械読取り可能なデータにより，これらの記載内容の照合が自動的に行われる．これは，審査官の負担を減らし，照合ミスを防ぐことに大きく寄与している．ただし，RFIDに記録されている写真画像と本人の顔の実像の比較・照合は，現在では上記のように入国審査官の目で判定を行っている．

　国際民間航空機関（ICAO）の定めた国際標準では顔画像の記録を必須としているが，その技術仕様に準拠して顔の写真がディジタル情報としてRFIDに格納されている．それを読み出して，審査官の目視により従来と同じように本人の実像と比較するわけであるから，バイオメトリック認証としては基礎的な段階である．しかし，いずれバイオメトリック認証技術による顔画像認証アルゴリズムが導入されれば，一次的な比較は機械が審査官に代わって確認作業を支援することになろう．さらに，1対nの照合を行う機能は機械力の得手であるから，テロリストや指名手配者の総合的水際防止対策に大きく寄与することが期待される．

（2）　出入国管理サービス

　2001年の9.11同時多発テロ事件以来，米国を中心に，テロ防止を徹底するための水際対策を目的として，生体情報認識技術の活用による入出国審査の実施が検討されてきた．この施策はUS-VISITプログラムと呼ばれ，2002年5月14日成立した国境警備強化・ビザ入国改正法に基づき2004年1月5日から，外国人の入出国の際，生体情報の提出を義務付けるプログラムが実運用を開始した．

　日本では「出入国管理及び難民認定法」の一部改正が2006年5月に行われ，2007年11月から入国審査時に個人識別情報を利用したテロ対策・不法滞在

第 4 章 応用システム

者対策が実施されている.

　この新しい入国管理手続では,入国審査時に指紋及び顔写真の個人識別情報の提供を受け,その後に入国審査官によるインタビューなどの審査を実施する.個人識別情報の提供を拒否した場合は日本への入国は許可されず,日本からの退去が命ぜられる[26].

　対象者は特別永住者,16 歳未満の者,外交や公用の在留資格を持つ者以外のすべての外国人入国者が対象となる.

　入国審査の際,パスポートの有効性について確認した後,実際の個人識別情報の採取は図 4.13 に示す指紋取得装置を 2 台用いて右手,左手の人差し指の指紋情報を取得する.同様に顔についても前方の頭上にあるカメラで撮影する.審査のフローは図 4.14 のように行われる.すなわち,採取した指紋や顔の情報はテロリストや犯罪容疑者,被退去強制者と言った要注意人物の個人識別情報との照合が行われる.

　ここでも本人認証上,1 対 1 照合または 1 対 n 照合と言う概念は同じである.外国人入国者が e-Passport と呼ばれる IC 旅券を提出した場合の本人確認のための個人識別情報との照合は 1 対 1 照合であり,また,上述したように日本に入ることができない要注意人物の個人識別情報との照合は 1 対 n 照合となる.重要なのは,出入国管理当局や治安関係機関が管理する指名手配被疑者などの情報をチェックアウトすることで,これらの情報を基にして,指紋や顔情報によるバイオメトリックを用いた 1 対 1 照合及び 1 対 n 照合を実施する.

　このようなバイオメトリック認証の個人識別情報を利用した出入国管理で

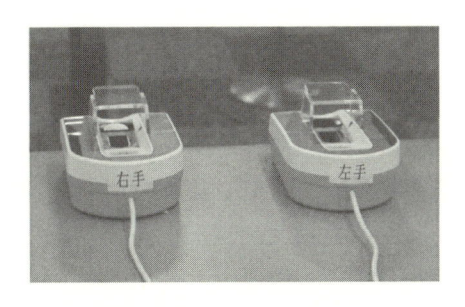

図 4.13　入国審査端末機

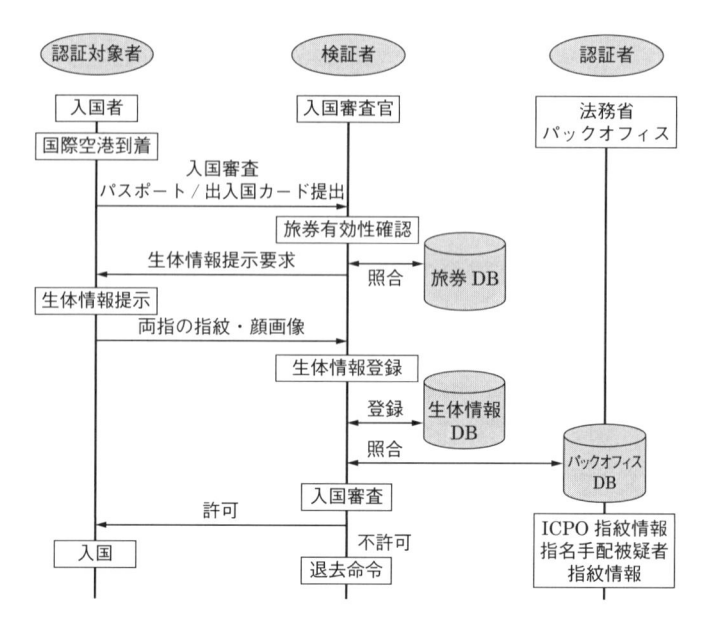

図 4.14 入国管理審査フロー

は,システムの導入以降 2009 年 8 月末までに約 1,400 人の外国人入国希望者を水際で退去させているほか,あるいは指名手配者であることが判明し,入国審査においてチェックアウトできたという報告がある.

また,本システムの発展系として,自動化ゲートシステムの実用化による利便性の向上が挙げられる.

自動化ゲートには日本人用の無人ボックス型と外国人用の有人キオスク型があるが,図 4.15 は無人型の例である.ボックスの入口前に旅券の読取装置があり,そこで身分事項のページを開き装置にかざすと利用登録が既になされているかどうかをチェックして,問題なければ入口の扉が開き中に入れるようになっている.指紋の取得装置の前で止まり,登録した 2 本の指を乗せると即時的に照合が行われ,出口の扉が開き出国審査あるいは帰国(外国人の場合は再入国)審査を終えることができる.

自動化ゲートを利用すると,パスポートへの出入国の証印が省略されることが原則となっているが,証印を希望する場合には,ゲート通過後に入国審

第4章 応用システム

図 4.15 自動化ゲートシステム

査官に対して個別に申し出ることになっている．出入国管理（米国，日本など）での外国人の指紋や顔の生体情報の取得・登録に関しては，原則として基幹システムにおけるセンター管理方式を採用しており，国際空港の審査だけでなく，入国審査官が海港に赴き接岸後の船舶に乗船して入国審査を実施する場合の照合・認証についても，センター側において認証（Match on Center）することを基本としている．

コラム 10　生体認証・顔画像処理と識別技術の進化

　生体認証と言うと拒否反応をする方も多いが，もともと正面写真を貼ることは学生証や免許証で当たり前とされているほど行き渡った従来からの立派な生体認証です．

　近年，出入国管理に関する ICAO 提案で顔認証が指紋や虹彩と同様，その先輩格として取り上げられていることは周知のとおりですが，日本ではデジカメ技術の進化に伴い独自の技術開発が進んでいます．最近の応用システムとしては，次のような展開が見られます．

- ●**入退場装置**：動画を用いた称号方式を採用し，パターン認識法である，相互部分空間法によって認識し，1対 n 型の照合で登録人物とマッチングが成功すると電子錠を開錠します．顔を見せるというアクセス制御は，画像の撮影を行う点だけで十分な抑止効果があるそうです．
- ●**空港，出入国管理**：2006年3月より IC 旅券の運用が開始され，続いて翌年度から外国人の入国管理に指紋と顔写真を収集し，不正入国の管理を強化することが始まりました．

> ●**自由歩行者認識**：ゲートだけでは点・線的な人の動きしかチェックできません．歩行者の追跡には，カメラ間での画像系列の対応や顔向きの動的な判別に対応する技術が開発されています．
>
> 出典：勞 世竑，山口 修，"画像処理の応用事例，"情報処理，vol.50, no.5, May 2009.

（3） 生体認証付銀行サービス

　銀行キャッシュカードはICカード化により有効性確認や情報漏えいに対する堅牢性は強化されたが，カードそのものを盗まれたり，紛失して他人に拾われ，かつ暗証番号が何らかの形で盗まれると，容易になりすましが行われてしまう．

　そこで，生体情報を登録してもらい，登録している利用者に対して本人しかATMの端末を使えないようにガードする方式が提供されている．これは，キャッシュカード内に保管された生体情報のテンプレートを使って，ATM端末内部で本人の確認を行う方式である．

　現在，日本ではバイオメトリック認証技術として，個人差のある手の平や指先の血管画像のパターンが，指紋に比べはるかに偽造しにくいことを用いた本人認証方式として普及が進んでいる．最もバイオメトリック認証の精度的制約があり，それだけで識別の完全性が保障できないので，従来から使われている暗証番号を同様に入力してもらう方式となっている．つまり現状では，キャッシュカードを持ち歩く必要がない認証方式とまではいかないが，カードを失くしたときに，他人に使われる心配を大幅に減少するという安全性が得られる意義がある．

　図**4.16**により，生体認証付銀行キャッシュカードによる預金引出し時の動作フローを説明する．

　カードをATM端末に読み込むと，当該銀行の出金取引であることが確認され，手の平や指先を傍らに設置してある入力装置にかざして，その部分の血管画像を読み取らせ，本人の確認が行われる．

　生体情報の照合は，端末で行う方式と金融機関のセンターまで情報を伝送し，センターの生体情報DBと照合を行う方式が考えられる．両方式とも一長一短があり，導入時に基本的な議論が行われたが，現状では端末で照合す

第4章 応用システム

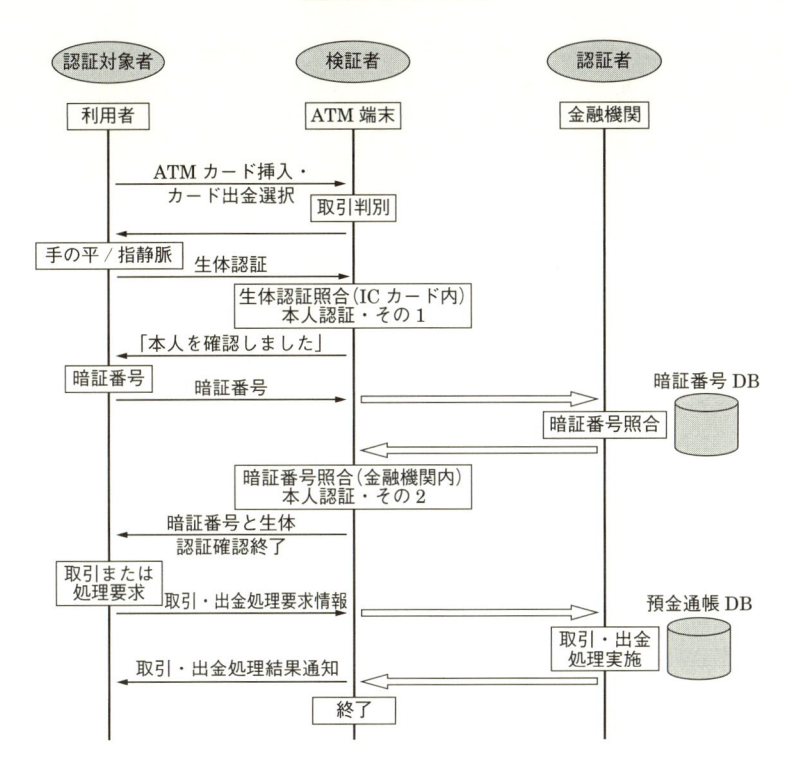

図4.16 生体認証付銀行キャッシュカードの動作フロー

る方式が一般に採用されている．

　図4.16では，端末で照合する方式（図中の本人認証・その1）を紹介した．すなわち，キャッシュカードの中に格納されている自分の生体情報と，今入力装置から読み取った生体情報を端末で比較して本人か否かを判別する方式である．この方式は，データ量の多い生体情報をセンターまで伝送するコスト増や漏えいリスクがないこと，個人情報の秘匿の観点から端末だけで処理を閉じて行えることなどの利点がある．

　短所としては，センター側で生体情報を管理しないので，端末サイドで不正の見分けが難しいことである．例えば，端末が勝手に照合OKの判別をしても確認の手段がないこと，生体情報をカードに書き換えてなりすましの不正が起こり得る懸念を残している．

いずれにせよ，前述のように生体認証だけでは精度上の問題があるので，従来同様，暗証番号も入力をしてもらうことにしている．図4.16では，（暗証番号照合（金融機関内）本人認証・その2）としてフローに示した．基本的には，生体認証アプリケーション，次いでキャッシュアプリケーションの順序で処理を行う．

今後，ATM端末上での生体認証に係る安全性の懸念を解消するには，操作上の不正行動監視のような新たな技術開発も必要になる．また，精度の問題を含めて完全にカードレスとなり，純粋に生体情報を提供するだけで取引ができるようになるまでは，まだ随分難関がある．

（4） DNA認証方式による社会システム

指紋と同様に，DNAを用いた本人認証は，最初は犯罪者の捜査を目的として導入された歴史がある．英国の遺伝子学者が最初に鑑定用技術としてDNA認証方式を開発したのは1985年で，その後90年代に入って本格的な活用が始まった．日本でもその歴史は古く，既に1992年から警察庁でDNAによる鑑定技術が採用されている．

米国ではFBIによるCODIS（Combined DNA Index System），英国ではEDNAP（Europe DNA Project）と呼ばれるDNA認証データベースがある．各々DNAの識別座位を複数箇所特定するなど計測方法の標準化を図っているが，両者共通の識別座位を多く用いている．

図4.17は，最近の米国のCODISの運用状況である．各州のCODISデータベースはネットワークで結ばれており，680万人以上の犯罪容疑者と26万人の行方不明者などの個人データが管理されている．性犯罪などは繰返し犯が非常に多いので，再犯者の逮捕や更正に役立っているとしている．

日本は独自のDNA認証技術を適用していたが，最近では国際連携の流れに沿って欧米方式のDNA認証システムを，各県に導入を行い事件捜査への適用が進んでいる．2008年には，DNAによって鑑定が行われた事件が約3万件と急増している．最近では，指紋鑑定に代わってDNA鑑定が決め手になって容疑者を特定した報告が数多く見られる[27]．

DNA認証方式のネックは分析時間が多く掛かるという問題である．事実これまでのDNAのSTR（Short Tandem Repeat）を利用した認証方式では，

米国 FBI の CODIS（Combined DNA Index System）導入州，
2009 年 3 月現在

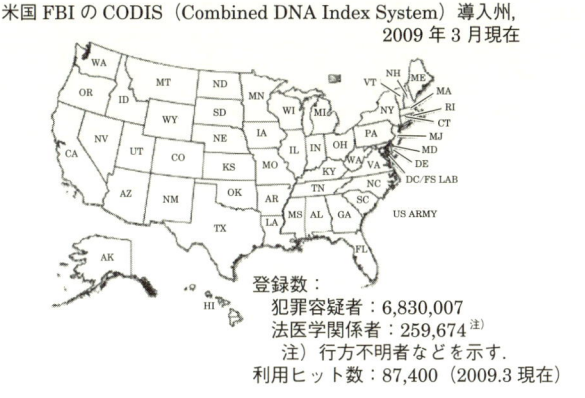

登録数：
　犯罪容疑者：6,830,007
　法医学関係者：259,674[注]
　　注）行方不明者などを示す．
　利用ヒット数：87,400（2009.3 現在）

図 4.17　米国 FBI（連邦警察）の DNA データベース

3 時間から 1 日も分析時間を必要とするので，犯罪捜査のような特別な用途に限られていた．しかし，最近 STR とは別の座位である DNA の SNP（一塩基性多型）を利用した分析技術が発展し，30 分を切る報告が各所で行われている．

30 分以下の分析時間が可能になると，DNA 認証技術のいろいろな適用が現実的な課題となってくる．特別な区域への入場管理や機密室への入室管理あるいは，それらからの退場管理や退室管理など厳密な本人確認が必要なところに適用することが考えられる．

DNA 認証方式では，ほかのバイオメトリック認証技術では達成できない識別・認証情報がディジタル情報として一意に得られるので，世界の人口の識別が可能な確定的精度があり，経年変化がないこと，機器に依存しない計測の標準化が可能なことなどの特徴を生かした使途が考えられる．

さらに，DNA 認証方式では親子の判定までできるので，マレーシアの津波で多くの死者の身元判定に DNA 鑑定が大規模に利用されたことが伝えられている．このほか，ニューヨークの同時多発テロの焼骨死体の身元確認をはじめ，行方不明者や溺死者の本人確認に DNA の優れた識別機能が真価を発揮した．

一方，DNA の STR 座位による認証方式では，親子関係が判別されるので人権保護の上から特別な取扱いが必要である．また，STR の座位のあるとこ

ろはDNAの塩基配列の中で"遺伝子外"と言われる部分で，直接人体のつくりや病気などに関係しない領域の情報であるとされる．しかし，取扱いによってはこのような機微な個人情報を覗くことができるので，特別な注意が課せられる．医学的研究に関するDNAの取扱いに関しては，倫理規定が厚生労働省などから通達されているが，今後DNA認証方式の普及に伴い医学以外の一般分野にもプライバシー保護の規定が必要である．

このような時代の流れに沿って，ISO/SC37の国際会議では，これまでの指紋や虹彩などの生体認証方式に加えてDNA認証方式を民需部門にも適用することを念頭に，国際標準化の提案と審議が行われている．

図4.18は既に導入されている犯罪捜査，親子鑑定，遺体鑑定などのシステムをベースに，将来実用化が考えられる社会システムをイメージしたものである．既に民需として多様に使われている指紋認証も同じような経緯で普及したことを考えれば，ここでこのような検討をすることは自然の流れであろう．

機能的には基本的に優れたものがあるから，導入の可否は認証にかかる分析時間の短縮の可能性とプライバシー保護の観点から社会的コンセンサスが得られるか否かに帰着する．

一番近いところにある用途としては前述のように，軍事施設のような機密施設への入場や入室管理にDNA認証方式を適用することが考えられる．退

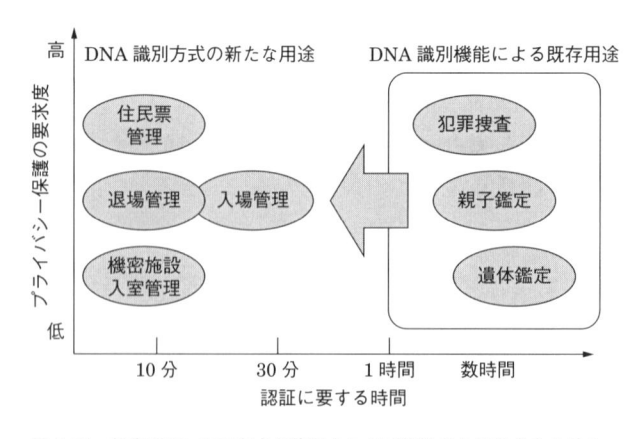

図4.18 将来DNA認証方式が適用される可能性のある社会システム

場や退出管理は，仕事を終えた顧客を長時間待たせるわけにはいかないので，適用は更に難しい．

また将来は，住民基本台帳カードに本人のDNA識別情報を加えることなどのインフラシステムの基盤の強化策が考えられる．このようなときの登録は余りお客様を待たせられないので，遅くても10分程度の処理時間の制約をクリアできる認証・判定技術の開発が必要である．

いずれにしても，DNA情報は人間の尊厳にも関わる重要な個人情報なので，認証システムへの適用はプライバシー保護の立場から，十分な議論とコンセンサスの形成が必要であることを忘れてはならない．

コラム11　DNA認証方式とプライバシー保護

犯罪捜査に，DNA鑑定が数多く使われ注目を浴びています．

DNA鑑定は，DNA認証方式の応用例として指紋と同じように最初は警察の犯罪捜査から適用されているものですが，指紋や虹彩のようにアナログ図形のマッチングによる照合方式とは違い，原理的にDNAの塩基配列の並び具合から見られる情報をディジタルとして取り出すので，その特徴は次のように遺憾なく発揮されます．

- 受精の瞬間に両親のDNA配列の部分の組合せで決定する新生児のDNAの塩基配列を読むだけなので，原理は簡単です．この配列は人体の60兆の細胞の中に同じ情報として格納されるので，どこの部分からも同じ識別情報が得られ，一生不変とされる極めて確定的な情報です．
- 両親のDNA情報との照合で，親子の関係が確定的に推論できます．
- このように，DNA情報はほかの生体情報では不可能な親子識別機能があるので，氏名不詳の帰国子女の実親の確認や大規模災害時の遺体の本人確認に極めて有効ですが，一方では親子の関係がはっきりするという機能は機微な事項ですから，プライバシー保護の観点から十分な論議が必要です．

4.4　モバイル認証・通報サービス

携帯電話サービスは，いつでも，どこでも，好きなときに簡単に操作できるため，緊急通報サービスや商品取引，決済などが行えるインターネットサー

ビス（モバイル EC）などの市場が急成長しており，不正行為防止のため本人認証機能が必須となっている．モバイル EC における利用者認証では，次の二つの認証が利用されている．

① 端末を特定するための端末認証
② 端末を操作する人物を特定するための本人認証

端末認証では，一般に，携帯電話に差し込まれた端末固有識別情報を格納した IC チップ（UIM：User Identity Module など）が利用され，携帯電話網のキャリヤがモバイル端末を認証するために利用している．UIM には，端末固有識別情報である契約者情報や電話帳の個人情報に加えて，クレジット決済用の個人情報やプリペイドマネーなどを管理することもできる[28]．

また，RFID（Radio Frequency Identification）を用いた認証も利用されている．RFID は，タグやラベル状に加工されたアンテナ付 IC チップに格納された情報を無線電波を通して読み取ることで，物体認識や個人認証などを行おうとするものである[29]．

一方，本人認証では，通常，利用者が直接入力するユーザ ID や PIN コード（パスワード）などが使われているが，利用者本人の身体的特徴を使って認証するバイオメトリック認証を用いるケースも出てきた[30]．

そこで，本節では携帯電話などを用いたモバイル認証・通報サービスの事例について説明する．

（1） 端末認証のみの利用

犯罪に遭遇した場合には，必要最小限のモバイル端末操作で通報できる防犯対策の仕組みが求められる．すなわち，パスワード入力による本人認証などの手続を行うことはできないので，モバイル端末の緊急ボタンを押下したら直ちに関係先に自動通報が行き，送られてきた端末固有識別情報から一意にモバイル端末所有者を特定できなければならない．このような利用形態として，例えば次のようなサービスが想定される．

（a） 携帯電話 GPS 児童防犯システム　児童にお守りのように GPS 機能付携帯電話を所有させて，児童が不審者に遭遇したときなど，数字ボタンを握り締めることにより SOS メールを保護者や学校関係者に緊急同報したり，あらかじめ設定した行動範囲から逸脱した場合などに自動警報メールを

送信したりする[31].

（b） 登下校メール通知システム　児童にアクティブRFIDタグ（グループコードとグループコードごとのユニークIDを定期的に発信）を付けて，登下校や位置情報を検知して，保護者にメール通信やWebサイトで知らせる[32].

（2） 端末認証とID・パスワードの利用

（a） 携帯決済システム　決済システムには，大別して，プリペイド決済（前払い），ポストペイド決済（後払い，クレジット決済とも言う），ジャストペイド決済（即時払い，デビット決済とも言う）があり，既に有線系で様々な決済サービスが提供されている．近年，利用者の利便性を考慮して，携帯電話を用いて決済する方式が普及してきているが，そこでは非接触ICカードを用いた決済機能をモバイル端末と連動して実現する方式が主流となっている．

現在，携帯電話を利用した国内金融・決済系サービスでは，FeliCa方式（3.7節参照）が事実上の標準となりつつあるが，国外ではFeliCa方式とTypeA（Mifare方式を含む）の通信プロトコル互換を取るNFC（Near Field Communication）IP-1技術仕様の非接触ICチップの導入が急速に進みつつある．国内では既に，FeliCa搭載携帯電話（おサイフケータイ）の販売台数は5,000万台を超えており，おサイフケータイとFeliCaカードによる決済インフラが事実上整ったと言える．一方，世界の流れは，世界共通に決済可能なNFC搭載携帯電話の方向に向かっている[33].

図**4.19**に，おサイフケータイサービスとして利用されている携帯決済システムを示す．

（b） モバイル電子チケットサービス　モバイル電子チケットサービスとは，電子化されたチケットである電子チケットを携帯電話を介して流通させることによって実現するチケットサービスで，次のようなものがある．

- イベント系チケット（不定期に開催されるもので特定の期間のみ利用可能な入場券）
- 交通系チケット（鉄道・バス・飛行機・船舶など移動サービスに使われるチケット）

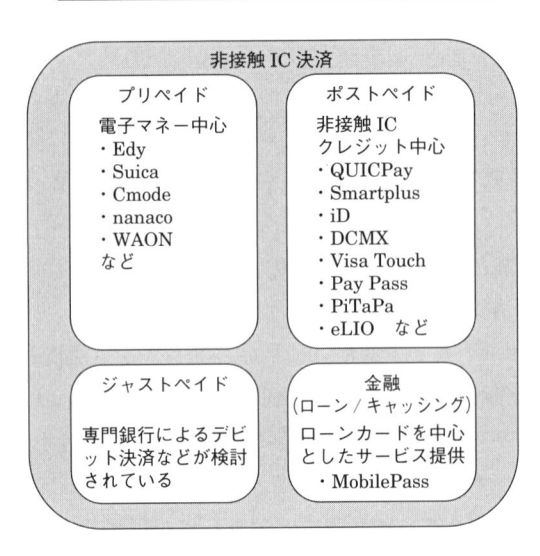

```
┌─────────────────────────────────┐
│        非接触 IC 決済             │
│  ┌─────────┐   ┌─────────┐      │
│  │プリペイド │   │ポストペイド│    │
│  │電子マネー │   │非接触 IC  │    │
│  │中心      │   │クレジット中心│  │
│  │・Edy    │   │・QUICPay │    │
│  │・Suica  │   │・Smartplus│   │
│  │・Cmode  │   │・iD      │    │
│  │・nanaco │   │・DCMX    │    │
│  │・WAON   │   │・Visa Touch│  │
│  │ など    │   │・Pay Pass │    │
│  │         │   │・PiTaPa  │    │
│  │         │   │・eLIO など│    │
│  └─────────┘   └─────────┘      │
│  ┌─────────┐   ┌─────────┐      │
│  │ジャストペイド│ │金融       │    │
│  │         │   │(ローン/キャッシング)│
│  │専門銀行による│ │ローンカードを中心│
│  │デビット決済 │ │としたサービス提供│
│  │などが検討  │ │・MobilePass│   │
│  │されている  │ │          │    │
│  └─────────┘   └─────────┘      │
└─────────────────────────────────┘
```

図 4.19 おサイフケータイサービスの携帯決済システム[33]

・飲食系・流通系の割引クーポン，会員対象のポイント

モバイル電子チケットは，チケットの管理形態により，①ダウンロード型と②センターサーバ管理型に分類される．

① **ダウンロード型**：携帯電話画面に「電子チケット情報」をダウンロードして格納し，「画面目視」，「一次元バーコード，二次元コードの読取」などのインタフェースで認証・確認したり，ローカル無線インタフェース「IrDA，ブルートウース，非接触 IC」を使って認証する方法である．端末内にデータがあるため，端末でチケットの閲覧や確認が可能であることや，携帯の電波が届かない圏外でも確認ができるなど利便性が高いため，現在，主流となっている．

② **センターサーバ管理型**：センターサーバで「電子チケット情報」を管理し，使用時・認証時にセンターで確認する方法である．チケットの確認や本人確認には，センターとの通信が必要となるという欠点があるが，チケット紛失や権利情報の消失と言ったトラブルがなくなると言ったメリットが期待される．

図 4.20 に，モバイル電子チケットサービスの処理の流れを示す．

第4章　応用システム

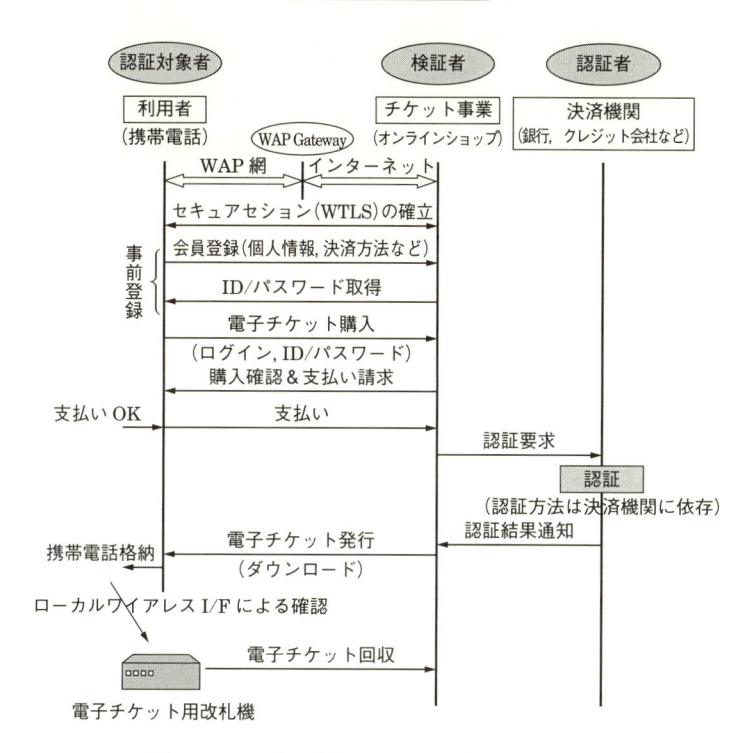

```
    認証対象者              検証者          認証者
    ┌─────┐          ┌─────┐    ┌─────┐
    │利用者│          │チケット事業│  │決済機関│
    │(携帯電話)│ WAP Gateway │(オンラインショップ)│ │(銀行，クレジット会社など)│
    └─────┘          └─────┘    └─────┘
         ←─ WAP網 ─→←─ インターネット ─→
         ←── セキュアセション(WTLS)の確立 ──→
    ┌ ←── 会員登録(個人情報，決済方法など) ──→
 事前│ ←── ID/パスワード取得 ──
 登録│ ──── 電子チケット購入 ───→
    │    (ログイン，ID/パスワード)
    └    購入確認＆支払い請求
  支払いOK ←── 支払い ──→
                             ── 認証要求 ──→
                                              ┌認証┐
                                       (認証方法は決済機関に依存)
                             ←── 認証結果通知 ──
  携帯電話格納 ←── 電子チケット発行 ──
                 (ダウンロード)
  ローカルワイヤレスI/Fによる確認
    ┌──┐
    │    │ ── 電子チケット回収 ──→
    └──┘
  電子チケット用改札機
```

図 4.20　モバイル電子チケットサービスの処理の流れ

（c）**NTTの「テレログイン」サービス**　NTTでは，二要素認証技術を使った「テレログイン」と言うサービスを提供している[34]．

基本原理は，利用者が端末からネットワークを介して投入したIDと，利用者が電話をすることにより携帯電話から送られる発信者番号が，サービスシステム上で登録されているリスト上にあれば，認証が成功しその利用者にサービスを提供する方式である．

テレログイン認証方式は，携帯電話などの発信者番号は偽装されないことが前提になっている．テレログイン認証機能は，様々なサービスアプリケーションからの認証要求を処理する認証機能層と，同時に複数の電話を着信し応答処理を行う回線機能層とに分かれている．

適用事例としては，まず，二要素認証であることから，金融機関向けにインターネットバンキングのログイン認証や資金移動時の第二認証への適用が

考えられる．インターネットバンキングの場合，ID，パスワードがフィッシングや盗聴などにより漏洩した場合，利用者の貯金が悪意のある第三者に盗まれる可能性があるが，テレログインにより認証強化することで，利用者の貯金を守ることができる．

　もう一つの適用例としては，法人向けに企業内部統制の強化のためのソリューション（シンクライアントシステムやリモートアクセスゲートウェイなど）のログイン認証への適用が考えられる．シンクライアントシステムやリモートアクセスゲートウェイなどのソリューションは，もともと，社外で利用するノートPCなどの盗難に備え，社外からは企業内のPC若しくはサーバにリモートアクセスして作業を行い，社外のノートPCなどには勝手なソフトウェアや重要な情報を格納しないようにしている．しかし，これらのソリューションであっても，IDやパスワードが盗まれた場合には，情報が流出する危険性があり，テレログインにより認証を強化することで情報漏洩のリスクを減らすことが可能となる．

（3）　SSLクライアント認証の利用

　携帯電話を利用したインターネットショッピング，株取引，企業内イントラネットへのリモートアクセスなどのように，より一層安全なセキュリティが求められる場合には，ID・パスワードによる本人認証の代わりに電子認証を利用した認証が利用される．本サービスは，インターネット上で広く普及している電子認証基盤（3.9節参照）を使用する．

　利用者は，複数のWebサイトにアクセスするたびに異なるID・パスワードを送る必要がないので，シンプルな操作でより安全なインターネットアクセス（SSLクライアント認証）を実現することができる．

　本サービスは，NTT DoCoMoが2003年6月からSSLクライアント電子認証サービス「FirstPass」として提供している[35]．

コラム12　ネットカフェ，本人確認が焦点に

　全国に3,000件近くあるインターネットカフェは，24時間営業の店舗が家出や深夜徘徊する少年たちのたまり場になっています．

　カフェの多くが店舗で利用者の本人確認や利用記録を行わないため，PCか

ら犯罪が行われると実行者を特定しにくい問題があります．

　また，利用者のIDやパスワードなどをほかの利用者や従業員がスパイウェアなどにより不正に入手する事例が多発しています．低料金をいいことに長時間滞在者が多く，不正アクセスなどのネット犯罪だけでなく，窃盗や強盗などの犯罪も後を絶ちません．

　警視庁の防犯指導報告によると，2009年8月の時点で利用者の本人確認を実施している店舗は38.1％，利用記録を保存している店舗は15.3％であり，対策が不十分であるとしています．

　こうした経緯から警視庁では，「インターネット端末営業の規制に関する条例（仮称）」の策定と意見募集を進めています．

出典：警視庁HP，"ネットカフェに本人確認を義務付ける条例策定へ，" 2009年11月，http://internet.watch.impress.co.jp/docs/news/20091130_332469.html

4.5 匿名認証サービス

（1） 電子マネー

電子マネーには，だれが使っているか分からない匿名性が求められる．実際に，サービスに供せられている電子マネーには，次の二つのタイプが存在する[36]．

（a） 原理的に匿名性が実現されている電子マネー

・eキャッシュ（Ecash）：ブラインド署名技術を適用

（b） 運用で匿名性を実現している電子マネー

・モンデックス，ビザキャッシュなど：公開鍵暗号技術を適用

　eキャッシュはオランダの企業であるデジキャッシュ社が研究・開発した電子マネーで，1995年10月，米国のマークトゥエイン銀行が，米ドルと交換できるeキャッシュの発行を開始して，この時点でリアルマネーと交換できる世界初のディジタルキャッシュとなった．以降，欧州の金融機関を中心に実際に利用されている[37]．

　eキャッシュは，ブラインド署名技術を利用することにより，現金のような匿名性を確保している．また，複製防止（常に1回限りの使用のみ）のために，それぞれのeキャッシュに通しの番号を付けて，利用者から小売店や

ほかの利用者に送金された電子マネーは，必ず銀行に戻して使用を管理するクローズドループ型システムとしている．

以下に，匿名認証技術を応用した電子マネーであるeキャッシュの処理フローについて詳しく説明する[38]．

利用者はまず，従来の銀行口座開設と同様にeキャッシュ専用口座を開設し，eキャッシュ用ソフトをパソコンにダウンロードする．そして，eキャッシュが必要なときは，eキャッシュソフトを起動して銀行に引き出し金額を指定したeキャッシュ発行要求を行う．

銀行は利用者のeキャッシュ専用口座から引き出し金額を減額するとともに，利用者から送られてきたeキャッシュ発行要求にブラインド署名をして利用者に返送（eキャッシュの電子送金に相当）する．このブラインド署名は，利用者が要求する引き出し額に銀行が承認署名することを意味している．

利用者は，送金されたeキャッシュをパソコンの記憶媒体に保有しておくか，インターネットを経由して小売店やほかの利用者に送金して支払う．

eキャッシュを受け取った小売店やほかの利用者は，銀行に問い合わせてeキャッシュの有効性を検証する．発行されるeキャッシュには通しの番号が付いているので，銀行では使用済みのeキャッシュかどうかを通し番号で確認する．このように，1回の決済に利用されて，戻ってきた時点で有効性や既に別の決済に使われたものでないかを検査している．

有効性が確認できると，小売店やほかの利用者は支払った利用者に領収書を発行するとともに，銀行にeキャッシュを預入れする．

以上の処理フローを図**4.21**に示す．

ここで，ブラインド署名の仕組みは次のように実行される．

パソコンのeキャッシュソフトは，引き出し額を表す数列と乱数により生成した通し番号を合わせた一つの数列を作る．それを，暗号処理（これは封筒の中に入れる動作に相当する）して銀行に送信する．銀行では，この暗号データを解かずにそのまま電子署名（これは，封筒を開封せずに封筒の外に署名することに相当）して利用者に返送する．

パソコンのeキャッシュソフトは銀行の電子署名付きの暗号データを復号化（これは封筒を開封して中身を取り出すことを意味する）して，電子署名

第4章 応用システム

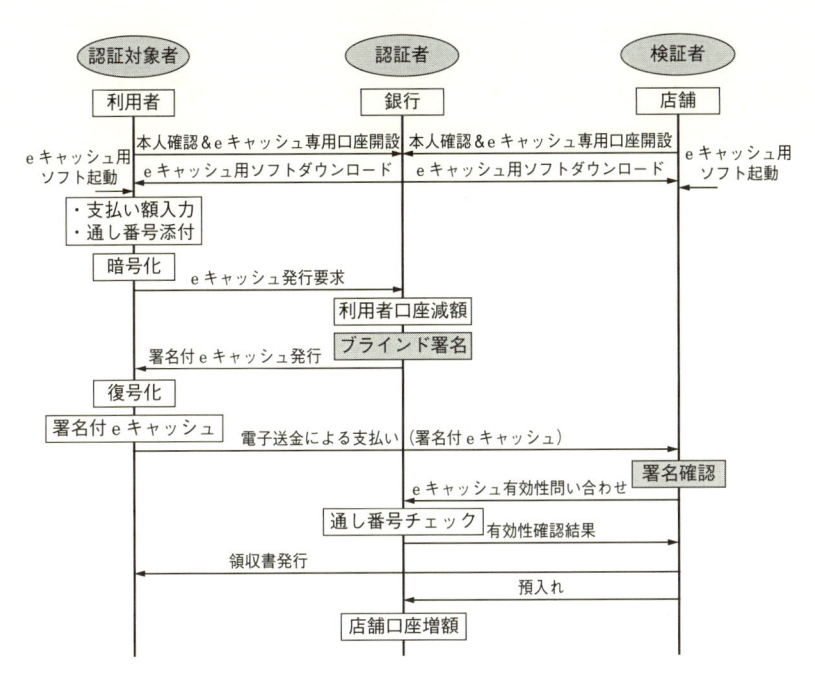

図4.21 ブラインド署名技術を適用したeキャッシュサービスの処理フロー

された数列（銀行が署名保証した引き出し額と通し番号を合わせた一つの数列）をパソコンに保存する．

このeキャッシュが作られる際，銀行は暗号を解かずに電子署名しており，利用者の固有の通し番号を知ることができないということで，匿名性を確保している．

（2） 電子商取引（匿名Webショッピング）

（a） 配送業者が認証者となる事例 インターネットショッピングなどの電子商取引においては，不要なトラブルやプライバシーリスクを避けるため，Web店舗や配送業者に利用者の個人情報やクレジット情報などはできる限り保管しないことが望ましく，そのような電子商取引を実現するために匿名認証技術は大変有効である．

通常，Web店舗は商品を顧客に販売して利益を上げることが目的であり，実際の店舗同様，必ずしも顧客の名前や住所は知る必要はない．一方，物品

を配送するためには顧客の名前と届け先住所が，決済のためにはクレジット番号が必要である．宅配業者は，商品を届けるために顧客の届け先住所と名前を知る必要があり，また，顧客から配送代金を徴収する必要がある．

そこで，顧客は宅配業者の配送・代金回収サービスのグループ会員として個人情報を登録しておき，Web 店舗は宅配業者のサービスとタイアップすることで，Web 店舗は顧客の個人情報を知らずに（宅配業者の会員であることの匿名認証データにより）商品を販売して利益を上げることができる[39]．

図 4.22 にグループ署名技術を適用した Web ショッピングの処理フローを示す．

この事例では，配送業者が認証者となって，利用する会員に対してグループ会員としてのアクセス権を与え，Web 店舗にアクセスしてきた利用者がグループに所属しているかどうかの問合せに対応している．また，グループ会員に何らかの不正行為などがあった場合には，その匿名性を剥奪することを可能としている．

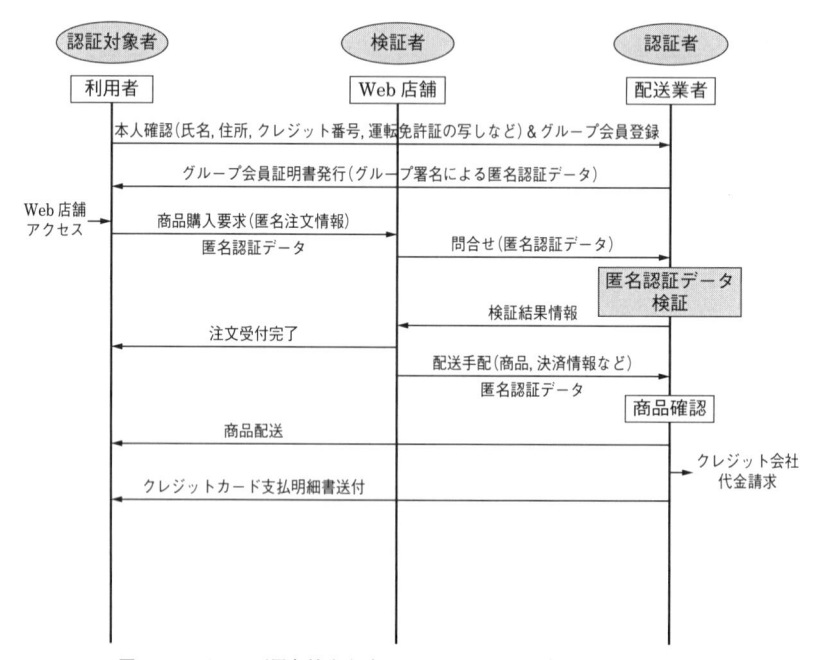

図 4.22　グループ署名技術を適用した Web ショッピングの処理フロー

（b） 決済機関が認証者となる事例　従来の電子商取引では，利用者は個人情報を商店に渡さなければならず，また商店も，顧客から預かった個人情報を紛失・流失するリスクがあったが，匿名認証技術を利用することで，個人情報の受け渡しを一切行うことなく，安全な決済が実現可能である．

　経済産業省の「新世代情報セキュリティ研究開発事業」の一環として，東京大学先端科学技術センター（RCAST），DDS，ソルコムが共同開発した「匿名による電子商取引を行うための認証アルゴリズム」は，携帯端末を利用した電子商取引において，個人情報を開示することなく，商品の購入，代金の支払，商品の販売，代金の受領と言った一連の取引を安全・確実に行えるようにする技術である[40]．

　具体的には，決済機関が暗号化された商品購入鍵を発行し，携帯端末が商品購入鍵を乱数化して匿名化する．決済機関が利用者の携帯端末が正当であることを保証すると，利用者は匿名化された商品購入鍵を商店に渡して購入を申し込む．商店は，匿名化された商品購入鍵を検証して利用者に商品を販売，決済機関経由で商品代金を受領する．

（3） 図書貸出サービス

　図書館の図書貸出サービスは，貸し出される図書がきちんと返却されれば，だれがどの図書を借りているか知る必要はないが，期限が過ぎても返却しない人がいれば，督促状などを送る必要がある．そのため，通常の図書館システムでは，利用者を識別できる図書館利用カードを発行して貸出しの管理をしている．この方法では，図書館員などに利用者の趣味嗜好が漏洩しやすいなどのプライバシーリスクが存在する．

　そこで，図書の貸出履歴を保護する匿名性対策として，グループ署名の適用した図書貸出サービスが考えられる．

　グループ署名を適用した図書貸出サービスは，次の手順で行われる．図**4.23**に処理フローを示す[41]．

　① **ユーザ登録**：利用者はユーザ登録を行い，メンバ証明書と秘密鍵を入手する．メンバ証明書は図書館に登録したメンバであることを証明するもの，秘密鍵は利用者固有の情報である．これらの情報はICカードなどの媒体に格納する．

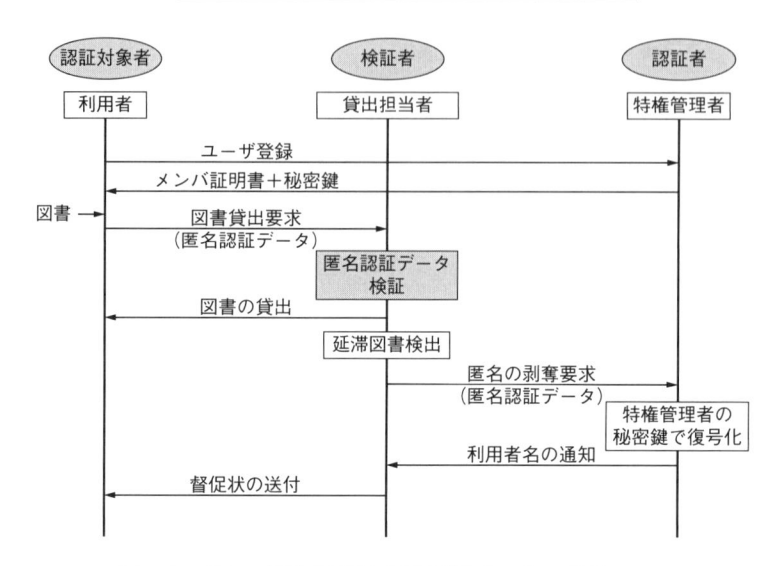

図 4.23 グループ署名を適用した図書貸出サービスの処理フロー

② **図書貸出し**：利用者は図書館から図書を借りる際，メンバ証明書と秘密鍵と毎回新たに生成する乱数を用いて「匿名認証データ」を作成する．貸出担当者は，この匿名認証データが正当なものかどうかを検証する．検証は，全利用者に共通の認証情報であるグループ公開鍵を用いて行う．利用者が正しいメンバ証明書と秘密鍵を用いていれば，検証はパスして正当な利用者と見なす．ここで，この匿名認証データからはどの利用者に発行されたものかどうかを知ることはできないという特徴がある．検証をパスすれば，貸出担当者は利用者に図書を貸し出す．また，貸し出した図書はシステム内に匿名認証データと一緒に記録しておく．

③ **返却期限切れの督促**：利用者が借りた図書を期限内に返却した場合にはシステム内の匿名認証データを削除し，期限内に返却されない場合にはシステム内に記録してある匿名認証データから利用者を特定して督促状を発行する．督促状の発行は，匿名認証データの匿名性の剥奪によって行う．これは，匿名認証データ中の利用者を特定する情報（特権管理者の公開鍵で暗号化されている）を特権管理者の秘密鍵で復号化することで可能である．

第4章 応用システム

コラム 13　匿名データの活用

　日本における公的統計の作成，また提供に関しての基本となる事項を定めた統計法が，60年ぶりに全面改正され，2009年4月1日から施行されました．今回の改正は公的機関が作成する統計がより体系的・効率的に整備され，国民・事業者により使いやすいものとなるよう「行政のための統計」から「社会の情報基盤としての統計」がうたわれています．

　新しい統計法では，統計データの利用を促進するため，委託に応じた集計による統計の提供や匿名性の確保措置を講じた調査票情報（匿名データ）の提供に関する規定を整備するとともに，調査票情報などの適正管理義務，守秘義務や目的外利用の禁止（罰則付き）などの規定が整備されました．

　特に"匿名データの活用体制の促進"の背景には，コンピュータの性能が飛躍的に高まり膨大な情報を処理することが可能になり，世界的に知見が蓄積され個別の家計や企業の個票データ分析が大きく進歩したことがあります．このように，新統計法では，匿名データの提供が制度化され学術研究などの要請に対応できるようになります．

出典：政府広報オンライン，"新統計法の施行，" 2009年3月, http://www.gov-online.go.jp/pr/theme/shintokeiho_shiko.html

---

4.6　社会保障カードサービス

　厚生労働省は2011年度を目途に，これまで年金，医療，介護とバラバラに管理してきた個人情報を一元管理する「社会保障カード」（仮称）の導入に向けた検討を行っている．この社会保障カードは社会保障制度全体を通じた情報化の共通基盤となるもので，年金手帳，健康保険証，介護保険証としての役割が期待されるほか，自分の健康診断結果などを引き出せる機能や，保険料の納付履歴や受給額見通しと言った年金記録情報も確認できる機能を持たせることも検討されている．

　2009年4月には，「社会保障カード（仮称）の基本的な計画に関する報告書」がまとめられ，公表されている[42]．

　米国などでは，ソーシャルセキュリティ番号制度の下で同様なサービスが導入されており，その有用性は既に実証済みである．

表 4.2　社会保障カード（仮称）に期待される機能

情報アクセスの基盤	情報連携の基盤
・年金記録，レセプト情報，特定健診情報など，自分の情報を確認・活用できる ・正しい情報への修正，手続漏れや虚偽報告の抑止ができる ・情報へのアクセス記録を保存し，利用者が確認できる仕組みとすることにより，自分の情報への不正アクセス監視などができる ・様々なお知らせのコストを削減できる（ねんきん定期便，各種通知など）	・健康保険証や年金手帳などが1枚のICカードになるとともに，転職の際でも保険証の取替えが不要になるなど，利用者らの手続を減らすことができる ・保険者，医療機関などの事務コストが削減できる（医療費の過誤調整事務，保険証発行事務など） ・給付調整などが容易になる（高額医療・高額介護合算制度など）

出典：第10回社会保障カード（仮称）のあり方に関する検討会，資料2，2008年8月29日．

表 4.2 に社会保障カード（仮称）に期待される機能を示す．

表 4.2 に示すように，社会保障カードの導入には多くのメリットが期待できるが，一方では，個人の病歴までを政府が一元管理できることや情報漏えいへの懸念など，プライバシー保護が大きな課題となっている．このため，十分なセキュリティ確保ができる情報化の共通基盤としてICカード認証基盤を適用し，一人1枚のICカードの導入を検討している．ICチップ内には，保険資格情報や閲覧情報を収録せず，本人識別情報（①公開鍵暗号の仕組み，②制度共通の統一的な番号，③カードの識別子のいずれかと仮定）のみを収録し，視覚的に見えなくすることで，情報漏えい・偽造・不正利用を防止することを考えている．

また，中継データベース（中継DB）の仕組みを活用することにより，プライバシー侵害・情報の一元管理に対する不安を極力解消することを考えている．すなわち，中継DBは，本人識別情報及びそれと紐付けられた被保険者記号番号と言った必要最小限の情報だけを持ち，保険資格情報や閲覧情報は保有しないこととしている．一方，各保険者は各保険者が管理する固有のデータベースを保有し，本人識別情報は保有しないこととしている．

社会保障カード（仮称）を利用した情報閲覧のイメージを図 4.24 に示す．

情報閲覧の処理は，次のような手順で行う．

① 利用者が社会保障カードとパソコンなどの端末を使って，社会保障ポータル（仮称）にアクセスする．

第4章 応用システム

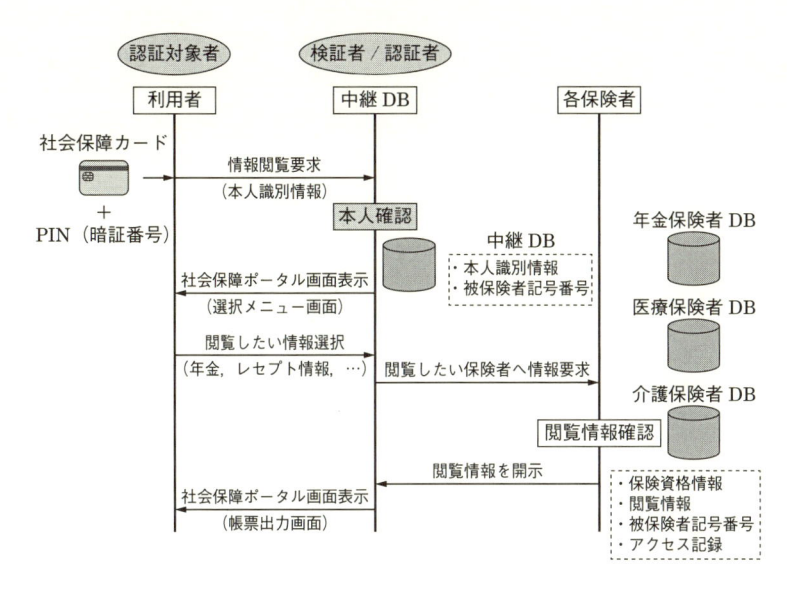

図4.24 社会保障カード（仮称）を利用した情報閲覧のイメージ

② 利用者が，表示された社会保障ポータル画面で閲覧したい情報（年金，レセプト情報，特定診断結果など）を選択すると，中継DBが利用者の属する保険者のデータベースにアクセスし，開示を要求する．

③ 保険者のデータベースは，中継DBからの要求が正当であることを確認して，利用者に情報を開示する．

4.7 ネットワークオークションサービス

今や国民の生活にすっかり溶け込んでいるネットワークオークションはインターネット時代の代表的社会システムとして多くの人々に愛用されている．電子メールが使用できる環境にあれば，だれでも入会でき，家庭に居ながらにしてショッピングを楽しむことができる．オークション会社に会員入会の登録をすれば，実際にサービスを受けることができる．会費は一般に無料から毎月数百円程度だが，実際の取引が行われると落札価格の数％をオークション会社に手数料として支払うようなビジネスモデルとなっている．街の中古商品委託販売店では10％以上の販売手数料を要求されるので，オー

クションの利用価値は非常に大きい．現に数十億円を超える金額の取引もあり，限度額は規制しないというビジネスモデルにのっとって規模と範囲は大きく成長している（図 **4.25**）．

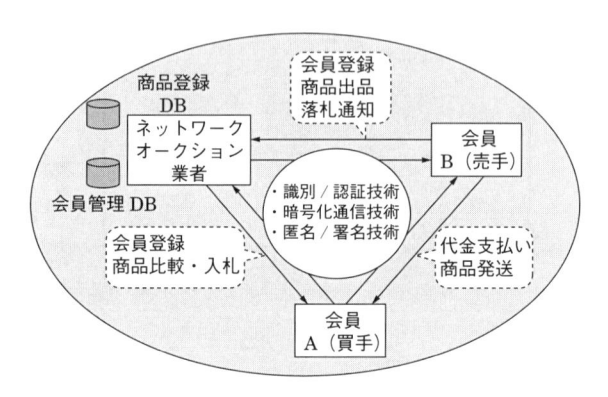

図 **4.25** ネットワークオークション

　システムはオークションサービス会社が提供するサービスシステムで，商品登録 DB と会員管理 DB が中心となり構成されている．売手は商品情報を登録するが，その際商品の 3 面写真，商品説明，瑕疵説明（傷や不具合などの説明），せりの開始価格，即決価格，代金の送付方法，商品の送付方法，その他の特別な条件などが商品一つひとつの属性情報として記載される[43],[47]．

　取引は返品なしのルールで行われる．また，店頭で品物を見て購入するわけではないので，特にクレームの付きそうな商品の傷や不具合（これを契約用語で瑕疵と言う）については，十分すぎるほど事実を丁寧に記述するよう心掛けることが必要である．オークションによっては，売手に細かい質問のやり取りができるようになっている．また，お互いの過去の取引に関する個人の評判実績が会員間で公開されているので，それを見て入札の判断材料とする．いずれにしても見知らぬ人との取引を意思決定するには，この段階で得ることのできる相手の評判情報が非常に重要な判断材料になる．また，売手の側も買手の評判実績を取引の条件にすることも考慮されている（図 **4.26**）．

　このように，オークションサービスは一般に匿名取引で行うので会員の信

第4章 応用システム

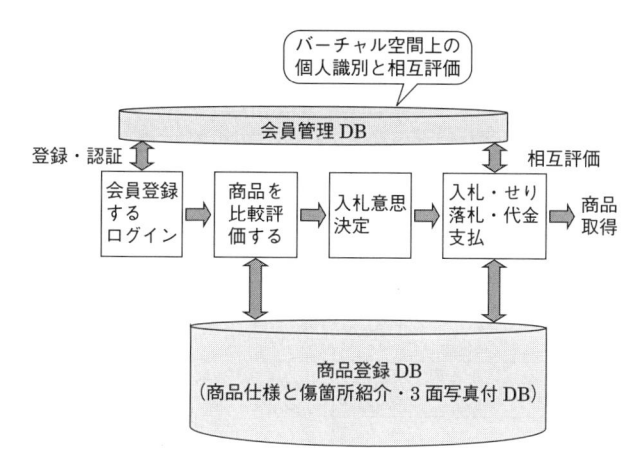

```
        ┌─────────────────┐
        │ バーチャル空間上の │
        │ 個人識別と相互評価 │
        └─────────────────┘
                ↕
        ╔═══════════════╗
        ║  会員管理DB   ║
        ╚═══════════════╝
登録・認証 ↕                    ↕ 相互評価
┌─────┐  ┌─────┐  ┌─────┐  ┌─────┐
│会員登録│→│商品を │→│入札意思│→│入札・せり│→ 商品
│する  │  │比較評 │  │決定  │  │落札・代金│  取得
│ログイン│  │価する │  │    │  │支払   │
└─────┘  └─────┘  └─────┘  └─────┘
              ↕                  ↕
        ╔═══════════════════════════╗
        ║     商品登録DB            ║
        ║ (商品仕様と傷箇所紹介・3面写真付DB) ║
        ╚═══════════════════════════╝
```

図 4.26　ネットワークオークションのせりシステム

用が重要で，オークション会員登録には実名による氏名・住所・性別・生年月日などの提示，及び会員間の匿名取引のIDとなる（匿名）メールアドレスとパスワードの提示及び必要な属性情報などを添えて申請するようになっている．オークションサービス会社と会員間のメールのやり取りでメールアドレスの確認が終わると，購入権を認めるオークション会員登録が成立する[47]．

　オークションは慣習として買手側が代金を先に支払い，その後売手側が入金を確認して商品を送付することになっている．このため，売手側に不正行為が介入する機会が起きやすいので，出品し販売権を認めるのにもう一段，厳密な本人の確認を実施することが行われる．

　図 4.27 には以上の会員登録のフローが示されているが，オークション会員の登録を行った後に，改めて商品を出品し売手となる会員には出品者住所確認及び本人認証の手続が意識的に行われることを理解させることが重要である．しかも，この段階での本人確認はオークションサービス会社がその都度発行する暗号情報を宅配業者に配送依頼し，申告の住所に会員が在住であること，及び玄関で応対する会員に対して免許証などの提示を求めて確認するという厳格な手続をすることが行われる．

　なお，安全のため，ネットワークを経由する取引の情報は，一般にSSL

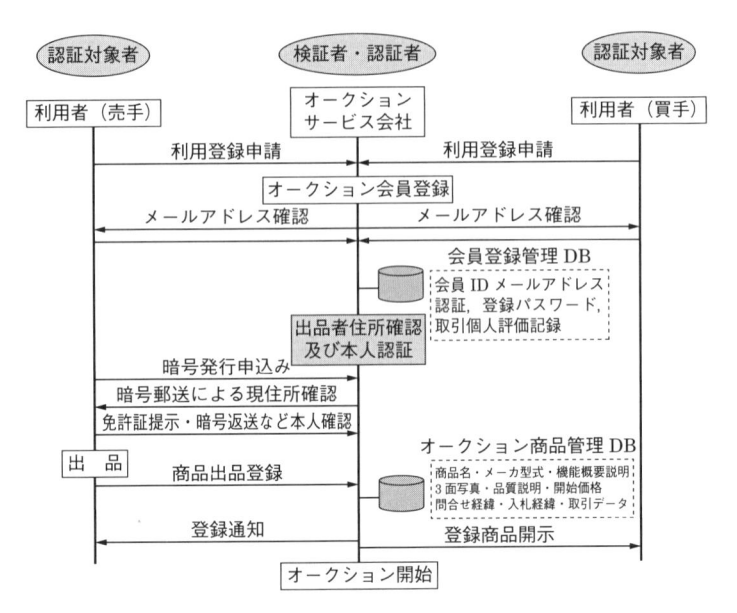

174   ネット社会と本人認証——原理から応用まで——

```
認証対象者              検証者・認証者              認証対象者
利用者(売手)          オークション               利用者(買手)
                    サービス会社
    ──利用登録申請──→         ←──利用登録申請──
                  ┌オークション会員登録┐
    ←─メールアドレス確認─→    ←─メールアドレス確認─→
                           会員登録管理DB
                           会員ID メールアドレス
                           認証,登録パスワード,
                  ┌出品者住所確認┐ 取引個人評価記録
                  │及び本人認証 │
    ──暗号発行申込み──→
    ←暗号郵送による現住所確認─
    ─免許証提示・暗号返送など本人確認→
┌出品┐                            オークション商品管理DB
│  │ ──商品出品登録──→            商品名・メーカ型式・機能概要説明
└  ┘                              3面写真・品質説明・開始価格
                                  問合せ経緯・入札経緯・取引データ
    ←──登録通知───            ──登録商品開示──→
                  ┌オークション開始┐
```

図 4.27 ネットワークオークションの会員登録の概念図

による暗号化を行って通信するようになっている.

　さて,手続を終えた売手ははじめて出品が認められ,商品の登録をして,図 4.28 のフローのような実際のオークションが始まる.

　せりはオンラインで進められ,買値をめぐって高値が更新されると,その都度最新の買値が会員間に示される.せりの予定時間はそのサービスによって,例えば 5 日間のように決められているが,予定時刻を過ぎると,機械的に取引は終了となり,最後に高値を付けた買手が,商品の購入権利を獲得して落札する.いかなる経緯になろうと一度入札した買手はその事実を取り消すことはできない・・・すなわち,待ったは許されないことが基本となっている.買手はこのとき初めて相手の金融機関の口座番号や名義を受け取り,また売手は商品郵送のため買手の住所・氏名を受け取る.売手と買手のトラブルを避けるため,相互のメールアドレスを知らせることはせず,商品や払込みに関する情報交換はすべてオークション会社経由でやってもらうよう配慮されている.特に女性は,取引相手に自分のアドレスを提供しないことを取引の条件にしていることが多いという.技術的には,これは仮名連携技術

第4章 応用システム

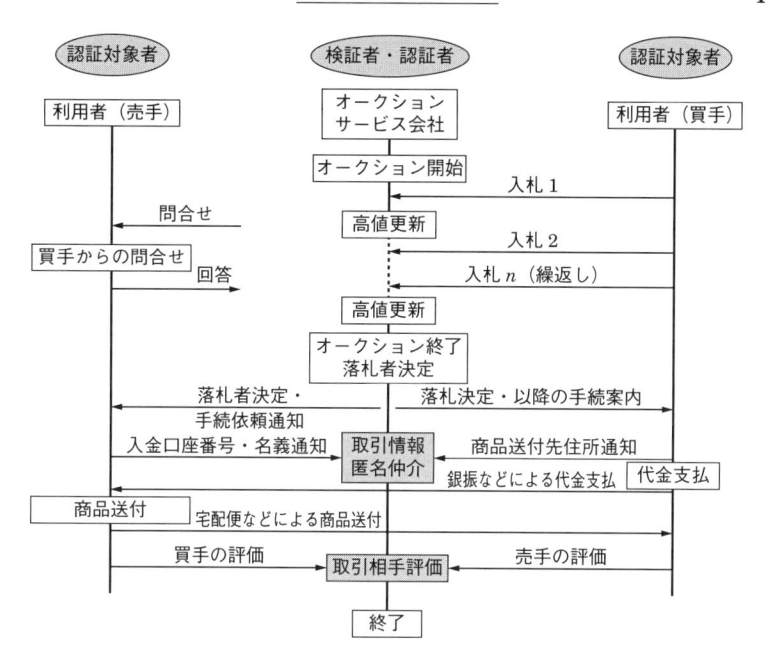

図4.28 ネットワークオークションのせりの流れの概念図

の事例と言える．

　この後，銀行振込などによる落札価格の代金支払や宅配便などによる商品の配送が行われる．

　会員間の取引は，原則として会員同士の責任で実施することになっているが，オークションサービス会社は不正をなくし安全な取引を支援するための仕組みを，各社競争でシステムに組み込んで提供する．中でも会員評価データベースは優れた施策であり，この支援サービスのお蔭で最低のモラル維持ができるので，今日のネットワークオークション市場が成り立っていると言える[44]〜[46]．

4.8 ネット広告サービス

　行動ターゲット方式を強調した最近のネット広告サービスを紹介する．

　このシステムのプレイヤは，購買者と広告主とネット広告社である．購買者は認証対象者となり，ネット広告社は認証者であり，広告主は検証者と

なる．

　まず，最初のフェースで広告主はネット広告社に広告依頼を行い，広告の掲載内容や方法及び期間やその他の条件などについて打合せを行う．ネット広告社は，購買者のネット上の行動をターゲットとしてトレースし，購買者の広告検索の状況を統計データとしてクライアントに情報提供することを売りとしているので，購買者のアクセス情報をトレースすることについて十分なプライバシーポリシーの条件確認を交わしておくことが重要である．

　ネット広告社は同様に，広告主との間でも個人情報保護のルールと両者間のプライバシーポリシーのネゴシエーションを行う．広告主からすれば，そこがネット広告の付加価値であると考えてどこまでも購買者の個人情報に至るまで行動情報を要求するであろうが，そこはネット広告社のポリシーの考え方を説明し実行する倫理が必要である．無理に購買者の行動情報を詮索し広告主にリターンするならば，やがて購買者とのプライバシーポリシーの遵守にルール違反を生じるなど問題を起こし，信頼関係を失うことになるであろう．

　プライバシーポリシーのネゴシエーションの重要さはご理解いただけると考える．さて，いよいよ購買者の商品購入及びサービス受容のための広告検索の活動が始まる．まず，ネット広告社が提供する，ベンダ別の商品価格やサービス価格の一覧表が検索される．購買者はある程度購入やサービス情報を比較検討すると，次に実際にベンダに直接アクセスして詳細な商品情報を調べ，更に深い情報の取得が行われる．そして，次なるベンダの価格やサービス内容の情報収集を取得する．このように，購買者の広告検索と情報収集は，実際購入などが終結するまで続けられることになる．図 **4.29** にはここまでのフローを示している．

第 4 章　応用システム

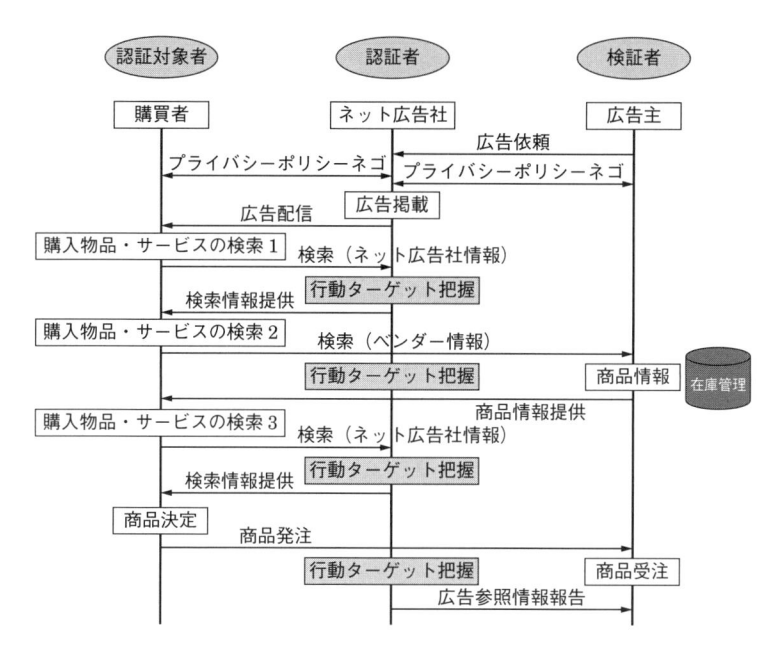

図 4.29　ネット広告社のシステムの仕組み

参 考 文 献

[1] 総務省行政管理局，"政府認証基盤（GPKI），" http://www.gpki.go.jp/
[2] 電子入札コアシステム開発コンソーシアム, http://www.cals.jacic.or.jp/coreconso/
[3] 日本税理士会連合会，"電子認証局," https://cainfo.nichizeiren.or.jp/ca/
[4] 日本商工会議所，"ビジネス認証サービス," http://ca.jcci.or.jp/bcs1/bcs1g/index.html
[5] 日本土地家屋調査士連合会，"認証サービス," http://www.chosashi.or.jp/repository/
[6] 日本公認会計士協会，"電子認証局," https://jicpaca.jicpa.or.jp/index_ssl.html
[7] MEDIS-DC，"HPKI 署名用電子証明書発行サービス," http://www.medis.or.jp/8_hpki/index.html
[8] 警視庁，"IC カード免許証," http://www.keishicho.metro.tokyo.jp/menkyo/menkyo/ic/ic.htm
[9] 警察庁，"運転免許統計　平成 20 年版," http://www.npa.go.jp/toukei/menkyo/menkyo12/h20_main.pdf
[10] 外務省，"passport A to Z," http://www.mofa.go.jp/mofaj/toko/passport/index.html

[11] 首相官邸，"国家公務員身分証明書のICカード化，" http://www.kantei.go.jp/jp/singi/it2/dai26/26siryou8.pdf
[12] 法務省入国管理局，"新たな在留管理制度，" http://www.immi-moj.go.jp/newimmiact/koumoku1.html
[13] 厚生労働省，"社会保障カード（仮称）の基本的な構想に関する報告書，" 平成20年1月，http://www.mhlw.go.jp/shingi/2008/01/dl/s0125-5b.pdf
[14] 総務省，"住民基本台帳等，" http://www.soumu.go.jp/main_sosiki/jichi_gyousei/daityo/gaiyou.html
[15] 総務省，"住民基本台帳カード 総合情報サイト，" http://juki-card.com/
[16] 総務省，"住民基本台帳ネットワークシステムの概要，" http://203.180.140.4/main_sosiki/jichi_gyousei/c-gyousei/daityo/old/shousai/02sec2.pdf
[17] 総務省，"公的個人認証サービスにおける署名検証者の範囲の在り方に関する研究会報告書，" 平成16年12月，http://www.jpki.go.jp/etc/pdf/1rp-houkoku.pdf
[18] 国税庁，"国税電子申告・納税システム，" http://www.e-tax.nta.go.jp/
[19] 電子入札国際標準化委員会，"日本主導による日本の電子入札システムをベースにした電子入札国際標準の完成，" 2006年12月14日，http://www.cals.jacic.or.jp/news/20061214Press_release.pdf
[20] JACIC，"CALS/ECポータルサイト，" http://www.cals.jacic.or.jp/tender/
[21] 国土交通省，"自動車保有関係手続のワンストップサービス，" http://www.oss.mlit.go.jp/portal/
[22] 総務省，"印鑑証明書でもワンストップサービスが利用可能となります，" 報道資料，平成19年11月20日，http://www.soumu.go.jp/menu_news/s-news/2007/071120_2.html
[23] FFIEC, "Authentication in an Internet Banking Environment," Oct. 12, 2005, http://www.ffiec.gov/pdf/authentication_guidance.pdf
[24] Wikipedia，"3Dセキュア，" http://ja.wikipedia.org/wiki/3D%E3%82%BB%E3%82%AD%E3%83%A5%E3%82%A2
[25] 瀬戸洋一，"生体認証技術，" 共立出版，2002．
[26] 君塚宏，"出入国管理と空港におけるバイオメトリクスの利活用，" 信学誌，vol.90, no.12, pp.1031-1036, Dec. 2007.
[27] 安富潔，"犯罪捜査のためのDNA型データベース，" 警察政策，vol.9, Feb. 2007.
[28] (財) ニューメディア開発協会，"モバイル通信サービス等における次世代ICカードシステムの利用可能性に関する調査，" 研究成果レポート，no.7, pp.2-5, Nov. 2001, http://www.nmda.or.jp/nmda/tech-report/report05/html-file/02-05.html
[29] Wikipedia, "RFID," http://ja.wikipedia.org/wiki/RFID
[30] 内田薫，"携帯電話における生体認証技術，" 琉球大学総合情報処理センター広報，no.5, April 2008, http://www.cc.u-ryukyu.ac.jp/news/kouhou/No5/2-4.pdf
[31] "子どもの安全確保システムに関する情報，" 2007, http://www.soumu.go.jp/menu_news/s-news/2007/pdf/01_sankou/kodomo/04_tsuhosys/r408.pdf
[32] ネクストコム，"アクティブRFIDを利用した登下校メール通知システムの実証実験を徳島市の小学校で開始，" ニュースリリース，2007年1月9日，http://www.mki.co.jp/service_news/service_news_2007/070109_01.html
[33] 日本電子決済推進機構，"日本における電子決済の現状と最新動向2009，" 平成21年度調査報告書，平成21年12月

[34] 黒川裕彦, 重松直子, 藤井治彦, 中川哲也, "テレログイン：発番号通知機能を利用した二要素二経路認証技術," NTT技術ジャーナル, May 2008, http://www.ntt.co.jp/journal/0805/files/jn200805042.pdf
[35] 中村典生, 山本博昭, 小野川雅士, "ドコモ電子認証サービス FirstPass 特集 – FirstPass サービス概要," NTT DoCoMo テクニカルジャーナル, vol.11, no.3, Oct. 2003.
[36] 村松 晃, "IT最前線：電子マネー," JEITA講座, 2002, http://home.jeita.or.jp/is/jeitakouza/kyouzai/waseda/09w.pdf
[37] 高橋真路, "電子マネー," 1998年卒業論文, http://www.isc.meiji.ac.jp/~sanosemi/seminar/1995Takahashi/index.htm
[38] 北田夕子, "電子マネー," Security, 2003/4/12, http://www.sasase.ics.keio.ac.jp/theme/E9%9B%BB%E5%AD%90%E3%83%9E%E3%83%8D%E3%83%BC%EF%BC%91%EF%BC%8D%EF%BC%96.pdf
[39] 加藤岳久, 岡田光司, 吉田琢也, "匿名認証技術とその応用," 東芝レビュー, vol.60, no.6, 2005.
[40] WebBCN, "DDSなど, 匿名で電子商取引を行うための認証アルゴリズム, 産学協同で," 2006年6月7日ニュース記事, http://japan.cnet.com/news/ent/story/0,20000056022,20133287,00.htm
[41] 佐古和恵, 米沢祥子, 古川 潤, "セキュリティとプライバシーを両立させる匿名認証技術について," 情報処理, vol.47, no.4, April 2006.
[42] 厚生労働省, "社会保障カード（仮称）の基本的な計に関する報告書," 社会保障カード（仮称）の在り方に関する検討会, 平成21年4月30日, http://www.mhlw.go.jp/shingi/2009/04/dl/s0430-4b.pdf
[43] 井奥雄一, 富士 慶, 中山大輔, 常澤邦幸, 山崎 賢, "Yahoo! オークション構築・運用ノウハウ大公開," WEB + DB PRESS, vol.53, Nov. 2009.
[44] 西垣 通, "ネット文明－ネット上の評判が鍵－," 日本経済新聞経済教室欄, 2005年8月23日33面.
[45] 平手勇宇, 相吉澤明, 翁 松齢, 井奥雄一, 木戸冬子, 山名早人, "インターネットオークションにおける不正行為者の発見支援," 情報処理学会研究報告, 2006-DBS-140 (II), July 2006.
[46] 平手勇宇, 相吉澤明, 翁 松齢, 井奥雄一, 木戸冬子, 山名早人, "インターネットオークションにおける不正行為者の発見支援," 日本データベース学会Letters, vol.5, no.2, Sept. 2006.
[47] "Yahoo! オークションの楽しみ方," ソフトバンククリエイティブ, 2005.

付録 1

識別と認証の用語の定義

　識別及び認証と言う言葉は，全分野を含めた横断的な定義があって，標準化された概念の下に広くあまねく使用されているわけではなく，各分野で部分的に定義したり，慣用的に使われているのが実態である．例えば識別については，法医学の分野ではIDを持たない人物を対象として1対nの識別を行うことを言うが，情報システム分野では登録されたIDと本人を照合することを意味することが普通である．

　認証においても本人認証機能だけを意味することと，更にその先の証明や認可を含めた概念まで広げて意味することがある．また，バイオメトリック認証方式では検証と言う用語が使われている．

　本付録では，識別と認証に関する用語についてどのように定義され，または慣例的に使われているかを整理してみることとする．

　記述の途中にある（　）は対応する英語を，また［　］で示したものは出典とした参考文献を示す．

1. 識別について

1.1 "識別"

　"識別"と言う用語だけを規定している文献は案外少ないが，JISハンドブック[1]では"利用者ID・利用者の識別情報"として「利用者を識別するためにデータ処理システムが利用する文字列またはパターン（user ID, user identification)」と規定している．ここでは，登録されたIDと本人のIDを照合してマッチングを取ることで本人を識別することを言っている．

さらに，バイオメトリック認証の文献になると，「たくさんの人の中からAさんであると判定すること．一般に1対n照合処理することを言う (identification)．1対n照合は，認証用テーンプレートと一致する登録者テーンプレートを順次マッチングすることにより見つけ出す方式である．」としている[3], [5]．

いずれも，次項にある"識別と検証"と言う機能の前半の部分を示している．説明としては"識別と検証"のように一体としたほうが理解しやすいので，これについては次の1.2項で述べる．

一方，文献[5]では，識別の解説のところで，更に次のような説明が続く．「"識別"とは主に法執行機関が使う利用方法である．つまり，提示されたバイオメトリックサンプルが含まれている可能性の高い包括的なサンプルデータベースが必要となる．このサンプルデータベースの登録件数が多ければ多いほど効果的な識別システムとなる．例えば，警察関係のAFIS (Automated Fingerprint Identification System) が相当する．識別においては，他人受入誤差よりも本人拒否率を優先する．AFISにおける識別機能をpositive identificationとも呼ぶ．」と述べている[5]．

1.2 "識別と検証"

"識別と検証"とは，「認証には識別（identification）と検証（verification）の二つの機能があり，識別とはシステムに提示された本人の特徴を示す情報とあらかじめシステムに登録された情報を1対nで比較し，設定したしきい値以上の最も近いものを探すこと，検証とは利用者のシステム内の登録情報と本人の特徴を示す情報の1対1の対応関係を確認すること」と説明されている[2], [5]．

この用語は，主としてバイオメトリック認証を対象とするISO/SC37の場で標準化の作業が進められている[12], [13]．

本書では，「個人識別と本人認証」としてこの二つの機能を広くとらえ，バイオメトリック認証方式だけでなく，一般的な社会システムのPKIのよう

な仕組みまで一元的に論じようと意図している．このように，本人の確認を二つの機能でとらえるという基本的な概念はどんな分野でも同じであることを言わんとするものである．

　また，法医学や DNA 鑑定の分野になると，対象は人類だけでなく動植物まで拡大されるので，本書では"識別と認証"の範囲を人間に限定するため，「個人識別と本人認証」と言うタイトルで説明を進めている．

1.3　"human identification"

　単に"identification"または"identify"とすると，人体識別（body identification），法医学識別（forensic identification）から製品識別（product identification）までを含むなど広い概念となる．

　本書で意図する identification は，その中で個人を識別することであるから，上記のカテゴリーでは"human identification"に相当すると言えよう[8]．

　バイオメトリック認証の用語では，"identification"は単体で前項の"識別と検証"の前半の部分と同様に定義している[12]．

1.4　"forensic identification"

　"forensic identification"は，法医科学または法医技術の応用として残された証跡から本人を特定し識別することを言う．forensic は法廷に向けたという意味を持ち，しばしば犯罪や事件の場で使われる[8]．

1.5　"identification & authentication"

　文献[6]には，"識別（identification）と認証（authentication）の理解のためのガイド"として，このフレーズが記述されている．この中で，"identification"とは広く知られる多くの人物の中で本人はだれかと識別することであり，"authentication"とは識別された者を検証すること，としている．この説明の主旨は，本書の第1章〜第3章で述べた識別と認証の概念と一致している[6]．

1.6 その他の"識別"に関する用語

"識別符号"とは，不正アクセス禁止法におけるアクセスコントロールにおいて特定電子計算機を利用する利用権者を識別するための符号のことを言う．識別符号にはIDとパスワードのほか，指紋認証，音声認証，虹彩認証のようなバイオメトリック技術を用いたものも含まれる．また，利用権者の署名を用いてアクセス管理者が生成するものも含まれる[4]．

"登録者識別"とは，複数の登録データに対して照合を行い，入力した生体情報がどの登録データと一致するかを識別する技術で，だれかの登録用テンプレートと一致することを確認することである．1対1照合で本人確認をする場合にも使われる．これを (positive identification) と言う[5]．

2. 認証について

2.1 "認証"

"認証"（authentication）とは，識別された者が本当にその人であるかどうかを確認することである．識別の段階では1対nの照合であったが，認証の段階では1対1の確認を行う．またバイオメトリック認証では，これを"検証"（verification）と定義して用いる[5], [12]．

報告書[10]では，「"認証"は真正性の確認（authentication）の意味に用いる．証明を行う業務（certification）も認証と言われるが，ここではこの意味には用いない．利用者の本人性確認の意味ではuser authenticationとidentificationは同じ意味に用いられる．」としており，この後で述べる"認証"に続く"認可"や"証明"と言う概念は"認証"には含まないとしている[10]．

JISハンドブック[1]では，"身元の認証"とは「データ処理システムがエンティティを認識できるようにするため試験を行うこと」としている（identity authentication, identity validation）．

また，"認証情報"とは，「あるエンティティについて主張されている身元の有効性確認に利用する情報（authentication information）である」としている[1]．

2.2 "検証"または"確認"

"検証"とは,一般的に行為,プロセス,または製品を対応する要件または仕様と比較することを言う[1].

バイオメトリック認証では,提示されたサンプルと認証要求しているユーザのテンプレートを比較し,一致しているか否かを決定する処理を"検証"または"確認"と言う.どちらも英語は(verification)である.

2.3 "本人認証"

これまで述べた付録1の2.1及び2.2項と重複する概念であるが,文献[9]で"本人認証"とは,「事前の登録行為を前提にした本人確認行為であり,単なる個体識別ではない.換言すれば,事前に登録した本人であることを同定する行為であると記述してある.ここで言う登録行為の意味は,それが用いられる局面によって様々であり,運転免許やデータアクセス権のような資格の保有状況であったり,クレジットカードのような会員加入であったり,更には出生届や住民登録のような社会の一員としての登録までも考え得るものである.本人認証は登録してある本人であると主張する人が,本当に登録している本人であることを確認する行為である」としている[9].

2.4 "証明"

"証明"(certification)とは,データ処理の全部または一部がセキュリティの要件に適合していることを,第三者機関が保証する手続を言う[1].

2.5 "認可"

"認可"(authorization)とは,利用者やプログラムなどにアクセス権を付与するなど,何らかの権利を与えることを言う[1], [3].

"証明"と"認可"の機能は,"認証"機能とは別とすることもできるが,本書では第3章3.2節図3.6のように"認証"機能の後工程とし,広義の"認証"の一部として取り扱う.

2.6 "authentication"

文献 [7] では,「"authentication" とはその人物を確認すること,すなわち要請者が確かに正しい本人であることを確定すること」としている.これには,ある人物の識別を確定することや製品のラベルや内容が本物であること,及びコンピュータのプログラムが信用できるものであることを確認することなども含まれるとしている[7].

2.7 "authentication" と "authorization"

"認可"(authorization)で起こる問題は各所のセキュリティの確認のプロセスで,個人の識別とその"認証"(authentication)の問題に帰着することがしばしばであること,そのため authentication なくして authorization は実現しない.そこで,authentication と authorization と言う言葉は組み合わされて使われることが多いとされている[7].

本書においても,第3章3.2節の本人確認の実際のプロセスのところで,「"認可"(authorization)の機能は"認証"(authentication)の一部で,先行する狭義の"認証"機能の後工程である」と説明している.

2.8 "verification"

バイオメトリック認証では,ISO/SC37 の場で識別(identification)された本人の認証は"verification"(検証または確認)と言う用語を定義して使用することとして標準化の作業が進められている.概念としては,第3章3.2節の説明と同じである[12],[13].

2.9 その他の"認証"に関する用語

"認証者"とは,第3章3.5節の本人認証の標準モデルで示すように認証の中核的役割を果たす機能である.すなわち,システムを利用する際,認証者はまず認証対象者が提示したユーザ ID が登録済みのユーザのものであることをアカウントデータベースを検索して確認する.さらに,認証対象者が本当にその ID に対応するユーザであるかを判定する.判定は,アカウントデータベースに登録した認証情報と認証対象者が提示する認証情報を比較し

認証プロトコルにより行う．利用者が提示する認証情報はユーザ固有のもので，他人には提示することが不可能か非常に困難なものを利用する[2]．

"認証要求者"とは，バイオメトリック認証において本人が正当なユーザであるとしてバイオメトリックサンプルを提示し，認証要求を行う人（claimant）を言う[5]．

本書では，第3章3.5節からの説明のように認証要求者を"認証対象者"と呼ぶこととしている．

"認証技術"としては，本書では詳細は述べていないが，インターネットを介したサービスでは契約済みのユーザであるかがまず問われ，利用者認証のプロセスが実行される．次に，ユーザが正当な機器を持っているかが問われ，機器認証が実行される[2]．

"守秘と認証"については文献[3]で，「暗号の主な使用目的は守秘と認証の二つに大別されること，守秘とはメッセージの内容が第三者に漏えいされないよう守る機能であること，一方，認証とは確認する内容により相手認証，メッセージ認証，ディジタル署名に分類できること，守秘は暗号の基本的な利用方法であるが日常的な応用では認証も重要な機能であり，利用される機会も多いこと」などが説明されている[4]．

"認証サービス"とは，「ディジタル署名を応用することでクライアントとサーバ間でのお互いの高度な認証（authentication）が可能になること，そのためIDとパスワードを使った認証方式と違って認証する側にパスワードファイルなどの秘密データを保持することなく，極めて安全なサービスがあること」である[2]．

参 考 文 献

[1] 日本規格協会編，"JISハンドブック67　1情報セキュリティ，"日本規格協会，2007．
[2] 土居範久監修，"情報セキュリティ事典，"共立出版，2003．
[3] 電子情報通信学会編，"情報セキュリティハンドブック，"オーム社，2004．
[4] 片方善治監修，"ITセキュリティソリューション大系，"フジ・テクノシステム，2004．
[5] バイオメトリクスセキュリティコンソーシアム編，"バイオメトリックセキュリティ・ハンドブック，"オーム社，2006．
[6] "A guide to Understanding Identification and Authentication in Trusted System," NCSC,

1991.
- [7] Wikipedia (the free encyclopedia), "Authentication," http://en.wikipedia,org/wiki/Authentication
- [8] Wikipedia (the free encyclopedia), "Identification," http://en.wikipedia,org/wiki/Identification
- [9] 菅知之（主査），"本人認証技術検討 WG 中間報告書，"（財）日本情報処理開発協会（ECOM），電子商取引実証推進協議会，1997.
- [10] 情報処理振興事業協会セキュリティセンター，"本人認証技術の現状に関する調査報告書，" IPA，2003．
- [11] 電子商取引推進協議会，"属性認証ハンドブック，" ECOM，2005.
- [12] ISO/IEC JTC 1/SC37 N 3663, "Text of Working Draft SD11, Part 1 Harmonized Document."
- [13] ISO/IEC JTC 1/SC37 N 3664, "Text of Working Draft SD2 version 13, Harmonized Biometric Vocabulary."

付録 2

DNA 認証方式の概要

　DNA（デオキシリボ核酸）情報を個人識別子とする本人認証方式は，その精度の高さや安定性，及び生涯不変性などの特徴から究極の生体認証として，今日 ISO/SC 37 の国際標準化活動が進められている．

　DNA は単に生体情報の一要素技術としてではなく，第 3 章 3.6 節図 3.13 で説明したようにすべての生体情報の源となっているので，識別・認証技術の基盤と理解し，その原理を把握しておくことが望ましい．

　更に詳しく理解するには，参考文献を参照されたい．

1. DNA の仕組み

　人体はおよそ 50 〜 60 兆個の細胞で成り立っている．各細胞は図付.1 のように 1 個の細胞核と複数のミトコンドリアなどを有する[1]．

　DNA は直径約 10 ミクロンの細胞の中核にある，直径約 1 ミクロンの細胞核の中に収納されている．DNA は A（アデニン），G（グアニン），C（シトシン）及び T（チミン）の 4 種類の塩基で構成され，その数およそ 30 億個の塩基対となっている．

　DNA の塩基配列はすべて二重の螺旋構造となっており，どの一つの塩基が欠けても基本的に修復が可能な仕組みになっている．この塩基配列の一部はたんぱく質の構造設計に関する情報を持つ，いわゆる遺伝子と言われる部分である．受精により両親の DNA 情報を半分ずつ受け継ぐが，兄弟でも顔

付録2　DNA認証方式の概要　　　　**189**

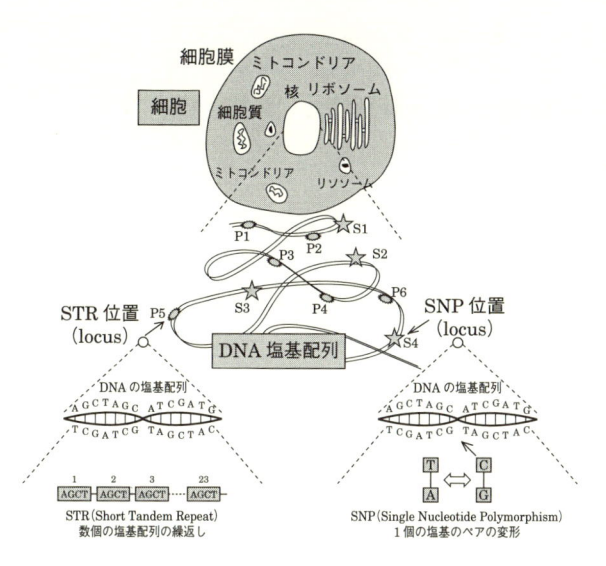

図付.1　DNAの仕組み

　形が違うように受け継ぐDNAの組合せが違うので，生まれる個体の個人差となって成長する．個人の識別はDNAの塩基配列の個人差を読めば区別できるわけである．

　塩基配列の個人差は，上記の遺伝子以外の部分，それはマイクロサテライト若しくはミニサテライトと言われる部分であるが，そこに多く存在する．

　個人識別や本人認証の情報として現在最も使われているのがSTR（Short Tandem Repeat）で，マイクロサテライトがもたらす識別情報の代名詞にもなっている．

　STRはショートタンデムリピートと呼ばれるように2〜4の短い塩基配列のパターンが繰り返し並んでいる領域で，その繰返し回数は4回，3回，2回のように数種あり，個人によってその回数が異なっていることが知られている．STRの位置のことを座位と言い，英語では，ローカス（locus）と言う．複数形はlociと書き，ローサイと発音する．

　DNA認証方式におけるDNA情報解析のプロセスは，①口に綿棒を入れて軽く擦ることにより口腔粘膜の細胞を採取する，②PCR（Polymerase Chain Reaction）法によるDNA情報の増幅，③電気泳動による個人差情報

の抽出，④ STR などの個人差情報の解析，の流れで進む．

2. STR による DNA 個人識別情報の生成と識別精度

STR による個人識別の原理を図示すると，図付.2 のようになる．すなわち，4 塩基程度からなる短い特定の塩基配列がペアで繰り返しており，その繰返し回数に個人差がある．例えば，A 氏の場合，図の STR のある特定の座位では，4 回/3 回のように 2 組の数値のペアになって存在する．一方，B 氏の場合は同じ座位で，2 回/3 回と繰返し回数が異なっている．同様に次の座位の位置を STR2 とすると，そこでも A 氏は，例えば 5 回/2 回，B 氏は 4 回/4 回のように個人間で異なる組合せとなっている[2]．

A 氏

繰返し回数：4 回

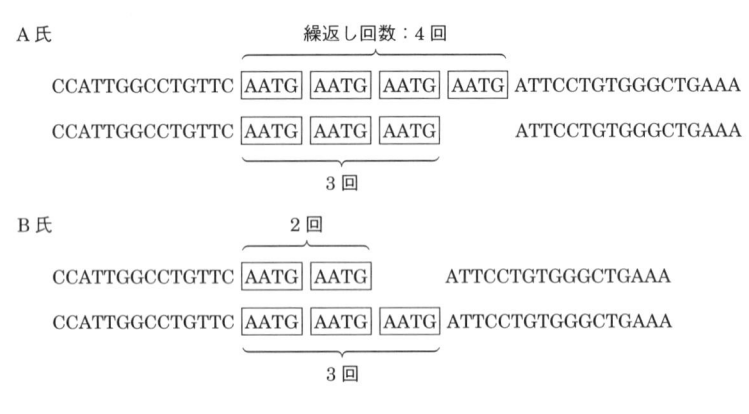

CCATTGGCCTGTTC AATG AATG AATG AATG ATTCCTGTGGGCTGAAA

CCATTGGCCTGTTC AATG AATG AATG ATTCCTGTGGGCTGAAA

3 回

B 氏

2 回

CCATTGGCCTGTTC AATG AATG ATTCCTGTGGGCTGAAA

CCATTGGCCTGTTC AATG AATG AATG ATTCCTGTGGGCTGAAA

3 回

図付.2 短い塩基配列の繰返し（STR）の回数と個人差

実際の STR の中の一つである D5S818 と言うローカスの位置の事例を示すと図付.3 のようになる．

横軸は，このローカスの短い塩基配列の繰返し回数を示す．また，縦軸は，その繰返し回数がどのくらいの頻度で出現するかを％で示したものである．出現頻度の分布率は人種によって若干相違があるが，いずれも統計値としてインターネットで公開されている．このローカスでは，繰返し数の分布が 9 ～ 13 回の 5 種類に偏って分布していることが分かる．ほかのローカスでも同様に，一つのローカスごとにおおむね 4 ～ 5 種類くらいの回数の範囲で個

付録2　DNA認証方式の概要

D5S818（ローカス名）

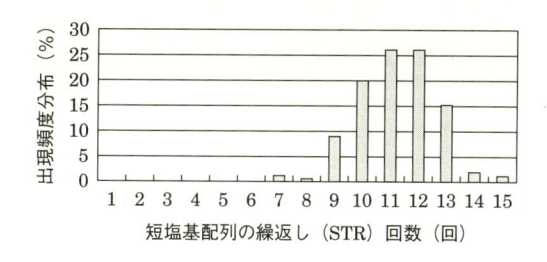

図付.3　STRにおける塩基配列の繰返し回数と出現頻度分布例

人差が現れる．4種類の違いとすれば，ローカスの個人差 jj としては2ビット程度の違い，すなわち個人ごとの識別情報を示すことになる．

　一つひとつの座位を STR1, STR2, STR3, STR4, ・・・, STRn と呼ぶことにすると，その人の持つ個人危機別情報と言うのは各座位の繰返し回数の組合せの数だけある．すなわち，個人の固有情報と言うのは，

　　　　(STR1の組合せの数)×(STR2の組合せの数)×(STR3の組合せの数)
　　　　×(STR4の組合せの数)×・・・・×(STRnの組合せの数)

となる．

　各座位の出現頻度が独立事象であれが，これらの組合せの出現確率は各々のSTRの出現確立の積で表すことができる．

　詳しくは文献[4]に示すが，STRの数が増えれば同じパターンの出現確率は掛算で指数的に低くなることが理解できればよい．指数的に低くなることは，STRの数を増やせばどんどん識別精度を上げることができるということである．

　図付.4はSTRの数を増やすと指数的に組合せが増えて，同じパターンの出現頻度（同値確率）が低下していくことを示す．ローカスの多重度を15段までとした同値確率を統計データにより計算し，部分的に500名以上の実サンプルにより検証した結果である．この実証実験から，STRの座位数を15段とすると 10^{-17} の識別精度が得られることが分かる[3]．

　STRの座位は5,000か所ぐらいあるので，識別精度を上げるには十分である．ちなみに，現在ISO/SC37の標準化作業では，DNAのSTRのローカ

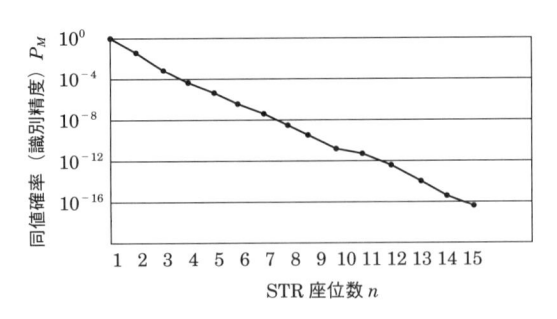

図付.4 STRの座位の数と識別精度の関係

ス位置候補として24か所の座位がピックアップされてリストに挙げられており，更に付加的に19種の位置が提案されている．

しかも，この識別精度の基は"繰返し数の組合せ"と言うディジタル値から成り立っていることが，指紋や顔画像のようなアナログ値を基とする一般の生体認証と大きく違う特徴である．

計算上では，約30か所のローカス情報を重ねると10^{-30}のオーダの識別が可能になる．これは，世界人口60兆人以上の識別を可能とするものである．

しかも，この識別情報は終生不変とされている．ただし，一卵性双生児の場合DNAの塩基配列は同じなので，識別はほかの工夫が必要である．

なお，STRのペアの一方が繰返し数は父親から，他方は母親から受け継いでいる．この因果関係から，STR情報は親子の識別の情報ともなる．その取扱いは，本人のプライバシー保護に観点からも，十分な注意と工夫が必要である．

DNAの採取は案外簡単で，綿棒を持って口の中を軽く擦ると，それだけで口腔粘膜からその人の細胞が採取できる．後は通常の分析用試薬を使い，専用の装置でその人固有のリピート回数が機械的に出力される．

STRの解析には3時間以上を要し，これが本人認証のボトルネックになっているので，新たな技術革新により，解析時間の高速化と低コスト化が期待できる次のSNPが注目されている．

3. SNPによる方法

SNP（Single Nucleotide Polymorphism：一塩基性多型）とは個人のDNAの配列で，お互いに一つの塩基の違いのある部分を示す．SNPは，臨床分野で個人間の薬剤の効果の違いや副作用の診断などに利用されているDNA情報である．その利点は，STRのように解析に電気泳動を必要とせず，大量・高速のタイピング（識別情報の検出）技術が使えることである．

SNPは全塩基配列の中で300〜1,000万か所存在するとされており，それらの座位の中から複数の箇所の識別情報を組み合わせて使えば，精度についても十分であることが検証されている[5]．

STRと同様に，SNPの位置を示すローカスと言う概念は同じである．各ローカスの塩基のタイプは4種類存在し，一つのSNP座位では4ビットの識別情報を持つことになる．

図付.5は，SNPの二倍体螺旋構造の一方を模式化して描いたものである．公開されているSNPデータベースより個人識別に有効だと思われる120座位を選択し，TaqMan法を用いて日本人ボランティア100名のSNP解析を行ったことが論文で報告されている．

その結果，各SNP座位間に相関は見られず，それぞれ独立であることが

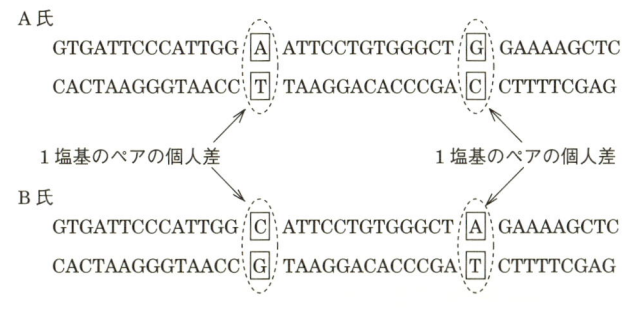

A氏
　　GTGATTCCCATTGG [A] ATTCCTGTGGGCT [G] GAAAAGCTC
　　CACTAAGGGTAACC [T] TAAGGACACCCGA [C] CTTTTCGAG

　　　　　1塩基のペアの個人差　　　　　　　　1塩基のペアの個人差

B氏
　　GTGATTCCCATTGG [C] ATTCCTGTGGGCT [A] GAAAAGCTC
　　CACTAAGGGTAACC [G] TAAGGACACCCGA [T] CTTTTCGAG

・A氏の塩基配列の途中で [A] と [T] のペアの箇所がB氏の同じところでは [C] と [G] のペアに変化している．少し先のほうでは同様にA氏の [G] と [C] のペアの箇所がB氏では [A] と [T] のペアに変化している．
・ヒトの体細胞は二倍体なので，実際はこの2倍の識別情報を持つ．

図付.5　SNPにおける塩基配列の個人差

確認された．そこで，各座位における同値確率，すなわち任意の二人が他人でありながら偶然 SNP タイプが一致する確率を求めたところ，0.375 〜 0.465 を示し，平均は 0.383，120 SNP の総同値確率は 9.81×10^{-51} となったことが報告されている．この値であれば全世界で唯一となる DNA 識別子を作成することが可能となる．通常の TaqMan 法による SNP タイピングでは，一度に 24 SNP の解析が限界であり，その際の同値確率は 6.06×10^{-11} となる．

図付.6 は，SNP のローカスの数，すなわち SNP の座位数を 120 まで取ったときの DNA 個人 ID 同値確率を示したものである．

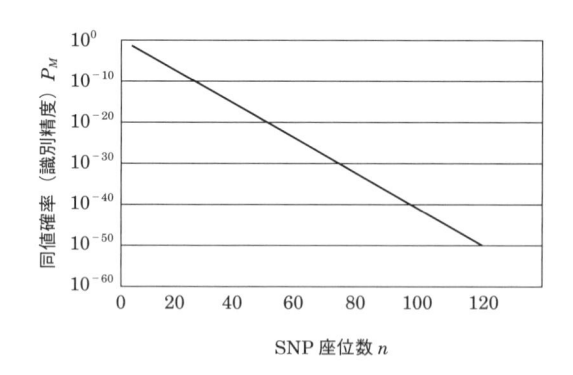

図付.6　SNP の座位の数と識別精度の関係

また，現在個人識別の主流となっている STR 15 座位による検査と同等の同値確率を求めるならば，文献 [5] で実験した中で同値確率分布の良いもの 42 座位（1.37×10^{-18}）が必要となる．SNP による個人識別情報は，120 座位を使うと 480 桁の 2 進数の DNA 個人 ID として示される．解析時間は 30 分以下と，従来より大幅に短縮されている[5]．

4. DNA 認証方式の特徴と意義

DNA 認証方式は，次のようなユニークな特徴を持つ．
（1）　高い識別精度とデータ値の一意性
DNA 認証方式では，STR の多重度を上げれば実用的識別率は 10^{-30} 程度

となり，世界人口のオーダの高精度の識別が可能となる．

また，DNA 個人 ID は常時一意性のあるディジタル数値となるので，本人と絶対的に 1 対 1 に対応する ID とすることができ，公的な個人識別・本人認証に適する認証用基礎標識データであると言える．

(2) 生体情報特徴量としてのコンパクト性

DNA 個人 ID は，従来のバイオメトリックシステムにおける生体識別用特徴量情報に相当する．従来，250 バイト（指紋の例）〜 1,500 バイト（音声の例）を要した特徴量情報に対して DNA 個人 ID は測定値が常に同じ数値となるので，ハッシュ関数処理を行うことができ，その結果 20 バイトコードとして扱うことができる．これは，DNA 個人 ID の元がディジタル確定情報であることの大きな利点である．

(3) 情報元の経年不変性と安定性

DNA 情報は，人間の細胞すべてが同じ塩基配列，つまり同じ情報であり，一生不変とされる．また，塩基そのものは 4 種類の無機質の化合物であるが，これらは遺骨から DNA が採取されることもあるように極めて安定な物質で，方式としての有利な特長と言える．

5. DNA 認証方式の課題

(1) 処理速度の改善

DNA 方式の大きな課題である採取から認証データ抽出の処理速度は，年々改善されている STR では数時間要した処理時間が 3 時間，SNP では 30 分を切る研究報告が出され，25 分のカタログ表示を持つ可搬型装置も製品化されている[7]．

しかし，オンラインシステムに必要な数秒のオーダの分析処理速度の達成にはまったく新しいブレークスルーが必要で，今後の研究成果が要望される．

(2) プライバシーの保護対策の展開

親子の関係まで識別能力があることは，運用上プライバシーの保護に十分な配慮が必要である．関係 3 省から通達されたヒトゲノム・遺伝子解析研究に関する倫理規定は 2001 年度に制定され，今日ではプライバシー保護対策の雛形として実施されている[8]．

また，治安当局でも，国家公安委員会規則や警察庁訓令などで犯罪捜査や変死者の身元確認に適用するDNA鑑定の運用に関する規定を定めて適用している[9]~[11]．

　これらの施策は，今後DNA認証方式の普及とともに，様々な視点からの論議が更に進められていくと考えられる．

参 考 文 献

[1] T. A. Brown，村松正實監訳，"GENOMES（ゲノム・新しい生命線へのアプローチ），"メディカル・サイエンス・インターナショナル，2000．
[2] 板倉征男，橋谷田直樹，長嶋登志夫，舟山眞人，辻井重男，"DNA認証方式におけるキャンセラブル識別子，"暗号と情報セキュリティシンポジウム（SCIS 2010），電子情報通信学会，Jan. 2010．
[3] Y. Itakura, M. Hasiyada, T. Nagashima, and S. Tsujii, "Proposal on personal identifiers Generated from the STR information of DNA," Int. J. Info. Sec., vol.1, no.3, 2002.
[4] 板倉征男，長嶋登志夫，辻井重男，"DNAバイオメトリックス本人認証方式の提案，"情報処理論，vol.43，no.8，Aug. 2002．
[5] 橋谷田真樹，板倉征男，舟山眞人，"新たな1塩基多型（SNP）情報による個人識別精度の向上，"暗号と情報セキュリティシンポジウム（SCIS 2009），電子情報通信学会，Jan. 2009．
[6] 長嶋登志夫，板倉征男，橋谷田真樹，辻井重男，"SNPを利用したDNA個人IDによる本人認証方式の提案，"信学技報，ISEC 2002-86，vol.102，no.437，Oct. 2002．
[7] IBTimes HP，"個人識別用ポータブル型DNA解析装置，"2007年9月25日，http://jp.ibtimes.com/newgoods/article/biznews/20070925/12590.html
[8] 文部科学省・厚生労働省・経済産業省，"ヒトゲノム遺伝子解析研究に関する倫理規定，"2001年3月29日，http://www.mhlw.go.jp/general/seido/kousei/i-kenkyu/genome/0504sisin.html
[9] "犯罪捜査のおけるDNA型鑑定，"バイオテクノロジー／研究倫理政策資料室，http://www.discussion-paper.sakura.ne.jp/jpforensic1.html
[10] 警察庁HP，"DNA型情報の活用方策について，"2007年1月30日，http://www.npa.go.jp/seisaku/kanshiki/Main.htm
[11] 警察庁HP，"DNA型記録取扱規則および細則，"2005年8月26日，http://www.npa.go.jp/seisaku/kanshiki/kisoku/kisoku.pdf

索　引

あ
アイデンティティ管理…………… 106
アイデンティティ管理モデル…… 106
アイデンティティ提供者………… 46
後払い………………………………… 159
暗号認証……………………………… 35
暗号認証技術………………………… 78

い
一塩基性多型………………………… 155
一次属性情報………………………… 117
印鑑証明制度………………………… 81
インターネットバンキング決済サービス
　………………………………………… 143

う
宴のあと……………………………… 116

え
塩基配列……………………………… 188

お
おサイフケータイサービス………… 159
オーソリゼーション………………… 145
オンサイト型認証局………………… 84

か
会員評価データベース……………… 175
外部認証……………………………… 64
カウンタ同期方式…………………… 74

顔……………………………………… 50
鍵ペア………………………………… 90
確　認………………………………… 184
カード所有者認証…………………… 64
仮　名………………………………… 12

き
行政手続オンライン化関係3法…… 16
共通ID ……………………………… 23
キーロガー…………………………… 70

く
空港, 出入国管理…………………… 151
グループ署名………………………… 102
クレジットカード決済サービス…… 144
クレジット決済……………………… 159
クロスサイトスクリプティング攻撃… 71

け
携帯電話不正利用防止法…………… 15
血　管………………………………… 50
ケルベロス認証……………………… 88
検　証………………………………… 184

こ
コアシステム………………………… 124
公開鍵………………………………… 79
公開鍵暗号方式……………………… 31, 78
公開鍵証明書………………………… 81
公開鍵認証…………………………… 89
虹　彩………………………………… 50

公的個人認証サービス…………… 123
行動バイオメトリック認証………… 100
行動をターゲット………………… 176
国際民間航空機関……………… 51, 148
国民総背番号制…………………… 17
個人識別…………………………… 1
国家公務員 IC カード …………… 126
固定パスワード方式……………… 72
コンビニオンライン決済サービス… 145

さ

座　位……………………………… 189
細胞核……………………………… 188
在留カード………………………… 126
三要素認証………………………… 99

し

時間同期方式……………………… 73
識　別…………………………… 3, 180
識別と検証………………………… 181
識別標識…………………………… 3
士　業……………………………… 125
時刻同期方式……………………… 73
辞書攻撃…………………………… 70
失効証明書リスト………………… 85
自動化ゲートシステム…………… 151
自動車保有関係手続サービス…… 141
氏　名……………………………… 133
指　紋……………………………… 50
社会保障カード…………………… 126
ジャストペイド決済……………… 159
住基 4 情報…………………… 131, 133
住基カード………………………… 125
住基ネット………………………… 18
住基ネットワークシステム……… 127
住　所……………………………… 133
自由歩行者認識…………………… 152
住民基本台帳……………………… 11
住民基本台帳カード……………… 125
住民基本台帳サービス…………… 127

住民基本台帳ネットワークシステム
　………………………………… 127
出入国管理………………………… 14
出入国管理サービス……………… 148
証　明……………………………… 184
所持情報…………………………… 26
署　名……………………………… 51
ショルダーサーフィング………… 70
シングルサインオン認証………… 35, 106
信頼の起点………………………… 82
信頼モデル………………………… 85

す

推測攻撃…………………………… 70
スニッフィング攻撃……………… 70

せ

生体情報…………………………… 26
静的データ認証…………………… 63
生年月日…………………………… 133
政府認証基盤……………………… 123
性　別……………………………… 133
セキュリティトークンサービス…… 113
接触型 IC カード ………………… 58
零知識対話証明…………………… 91
全銀協 IC キャッシュカード標準仕様
　…………………………………… 60

そ

素因数分解………………………… 79
総当り攻撃………………………… 70
相互認証…………………………… 85, 99
即時払い…………………………… 159
属性証明書……………………… 93, 94
属性認証…………………………… 35
属性認証技術……………………… 93
属性認証局………………………… 94
属性認証サーバ…………………… 96
ソーシャルエンジニアリング攻撃… 71

た

対称鍵認証	88
耐タンパ性	58
他人受入率	54
多要素認証	35
多要素認証技術	97
端末認証	158

ち

知識情報	26
地方公共団体に係る組織認証基盤	123
チャレンジコード	77
チャレンジレスポンス方式	76
中間者攻撃	71, 98
頂点の CA	85

て

デオキシリボ核酸	4, 188
デビット決済	159
テレログインサービス	161
電子署名	87
電子署名法	15, 96
電子入札	124
電子入札コアシステム	138
電子入札サービス	138
電子入札施設管理センター	138
電子認証基盤	78, 81
電子パスポート	126, 146
電子マネー決済サービス	146

と

動的データ認証	63
登録局	84
戸口	17
匿名	12
匿名 Web ショッピング	165
匿名認証	35
匿名認証技術	101
トラストアンカー	87

な

| なりすまし | 39 |

に

二次属性情報	117
入退場装置	151
二要素認証	98
認可	184
認証	3, 79, 183
認証局	81
認証局運用規程	82
認証パス	86

ね

ネット広告サービス	175
ネット広告社	177
ネットワークオークションサービス	171

は

バイオメトリック認証	35
パスワード認証	34, 35
パスワード認証技術	69
発行局	84
ハッシュ関数	90

ひ

非接触型 IC カード	58
秘匿	79
ヒトゲノム・遺伝子解析研究に関する倫理規定	195
秘密鍵	79

ふ

フィッシング型詐欺	71
不正登録防止	13
ブラインド署名	104
ブリッジ CA	85
プリペイド決済	159

へ

ヘルスケア PKI ································· 125

ほ

ポストペイド決済 ····························· 159
本人拒否率 ······································· 54
本人認証 ···································· 1, 184

ま

マイクロサテライト ························· 189
前払い ··· 159

み

身分登録制度 ···································· 16

め

メッシュモデル ································· 85

ゆ

ユーザセントリックモデル ················ 107

よ

与信照会 ·· 145

り

離散対数問題 ···································· 79
リポジトリ機能 ································· 84

る

ルート CA ······································· 85

れ

連携モデル ···································· 106
連邦プライバシー法 ··························· 20

ろ

ローカス ·· 189

わ

ワンストップサービス ······················ 141
ワンタイムパスワード方式 ·················· 73

A

AA ··· 94
AC ··· 94
anonym ·· 12
ATM 取引 ···································· 100
attribute certificate ························· 94
authentication ············ 7, 31, 182, 183, 185
authorization ················· 8, 32, 184, 185

B

BCA ··· 85
BCA モデル ···································· 85
bridge CA ······································ 85

C

CA ··· 81
certificate authority ························· 81
certificate revocation list ··················· 85
certification ························ 7, 31, 183, 184
certification practice statement ·········· 82
CPS ··· 82
CRL ··· 85

D

DDA ·· 63
DNA ··· 4, 188
DNA 認証方式 ························· 154, 188
DNS ··· 12
domain name system ······················· 12
dynamic data authentication ············· 63

E

e-BISC センター ····························· 138
Ecash ··· 163
ElGamal 暗号 ·································· 80

索　引　201

EMV ·· 60
e-Tax サービス ······························ 135
EuroPay International, MasterCard, International, VisaCard International
·· 60
e キャッシュ ································ 163

F

false accept rate ························ 54
false reject rate ·························· 54
FAR ··· 54
federated model ······················ 106
FeliCa 方式 ································ 159
FirstPass ···································· 162
FMR ·· 56
FNMR ·· 56
forensic identification ············ 182
FRR ··· 54

G

GPKI ··· 123

H

hcRole 属性 ································· 95
HPKI ·· 125
human identification ·············· 182

I

IA ··· 84
ICAO ·································· 51, 148
IC カード認証 ····························· 35
IC カード認証技術 ······················ 58
IC カード免許証 ························ 126
IC 旅券 ······································· 126
ID ·· 3
identification ······················· 6, 182
IdP ·· 46
ID 登録 ·· 7
ID 連携 ··· 17
i-Japan 2015 ································ 18

information card ····················· 113
IP アドレス ···································· 6
ISO/SC 37 ································· 188
issuing authority ······················· 84

J

Java カード仕様 ·························· 61
JPKI ··· 123
J/Secure ···································· 144

K

KDC ·· 88
key distribution center ············ 88

L

LGPKI ·· 123
liberty alliance ························· 109
locus ·· 189

M

man-in-the-middle attack ······· 98
Mifare 方式 ································ 159
MULTOS 仕様 ····························· 61
mutual authentication ············· 99

O

Open ID Authentication ·········· 47
OpenID ····································· 114

P

personal identification number ········ 66
phishing ······································· 71
PIN ·· 66
PIN 認証 ······································· 66
PKI ·· 34, 78
PKI 認証 ······································ 34
positive identification ············ 183
pseudonym ································ 12
public key infrastructure ········ 34

R

RA	84
registration authority	84
RFID	146
ROC 曲線	56
RSA 暗号	79

S

SAML	109
SAML 2.0	47
SDA	63
SecureCode	144
short tandem repeat	154, 189
single nucleotide polymorphism	193
single sign on	106
S/Key 方式	74
SNP	155, 193
SQL インジェクション攻撃	71
SSL クライアント認証	162
SSO	106
static data authentication	63
STR	154, 189
STS	113

T

three-factor authentication	99
trust point	82
trusted third party	90
TTP	90

U

UIM	158
USB トークン認証	58
user centric model	107
user identity module	158

V

verification	7, 31, 184, 185
VISA 認証サービス	144

W

Web アプリケーション脆弱性攻撃	71

X

X.509 公開鍵証明書	82

数 字

1 対 n	10
3D Secure	144
3 交信プロトコル	92
3 交信プロトコル認証	91

―― 著者略歴 ――

板倉　征男（いたくら　ゆきお）

昭 41 東工大大学院理工学研究科電子工学専攻修士課程了．同年日本電信電話公社（現 NTT）入社．平元 NTT データ通信（株）（現（株）NTT データ）に移籍．平 14 中大大学院理工学研究科博士課程了．平 16 情報セキュリティ大学院大教授．個人識別とプライバシー保護，バイオメトリクス DNA 認証方式の研究に従事．工博．電子情報通信学会，情報処理学会各会員，日本セキュリティマネジメント学会常任理事

外川　政夫（とがわ　まさお）

昭 45 東北大・工・電子卒．同年日本電信電話公社（現 NTT）電気通信研究所入所．昭 62 NTT データ通信事業本部（現（株）NTT データ）に移籍．平 9 日本ベリサイン取締役．平 13 総務省 TAO 研究員．平 15 ASPIC 事務局長．平 17(独)NICT 特別研究員．平 19 情報セキュリティ大学院大客員研究員．現在（株）NTT データアイ．DIPS オペレーティングシステム，ソフト生産技術，品質保証，電子認証技術の開発に従事．情報処理学会会員

ネット社会と本人認証――原理から応用まで――
Personal Authentication: Principles, Technologies and Applications

平成 22 年 8 月 20 日　初版第 1 刷発行	編　者　　（社）電子情報通信学会
	発行者　　木　暮　賢　司
	印刷者　　山　岡　景　仁
	印刷所　　三美印刷株式会社
	〒 116-0013　東京都荒川区西日暮里 5-9-8
	制　作　　株式会社　エヌ・ピー・エス
	〒 111-0051　東京都台東区蔵前 2-5-4 北条ビル

Ⓒ 社団法人　電子情報通信学会 2010

発行所　社団法人　電子情報通信学会
〒 105-0011　東京都港区芝公園 3 丁目 5 番 8 号（機械振興会館内）
電　話　(03)3433-6691（代）　振替口座　00120-0-35300
ホームページ　http://www.ieice.org/

取次販売所　株式会社　コロナ社
〒 112-0011　東京都文京区千石 4 丁目 46 番 10 号
電　話　(03)3941-3131（代）　振替口座　00140-8-14744
ホームページ　http://www.coronasha.co.jp

ISBN 978-4-88552-249-9　　　　　　　　　　　　Printed in Japan

無断複写・転載を禁ずる